U0010339

作者序

　　昆蟲所看到的世界是什麼模樣？牠有耳朵嗎？昆蟲的觸角有何功能？昆蟲怎麼吃東西？牠又是吃什麼呢？昆蟲可以飛多快？……接觸昆蟲科普教育久了，常常會遇到學生詢問上述問題，同時也會有學校老師反應對於網路上或者書籍上的一些昆蟲專有名詞表示感到困惑，特別是一些昆蟲形態上的描述。

　　在上一本著作《下課後的昆蟲觀察課》中，我分享的是野外觀察技巧與推薦地點導覽，但對於最基本的昆蟲外形構造及功能著墨不多，於是起心動念，決定嘗試來整理一些最基本的昆蟲知識入門，由於有些構造及行為若是僅用文字來描述，或許不如透過圖片傳遞訊息來得直接，因此本書盡量以實體生態照來闡述關於昆蟲的各項身體構造機能，簡單清楚地表現出內容所說的重點。

　　書中架構從昆蟲的頭部開始，接著講述昆蟲的形態部位名稱，各個器官有何功能？再加入相關的趣味知識點作補充。在進行本書作業過程中，感謝中興大學昆蟲系杜武俊老師的協助，讓我得以拍下一些高倍數放大的細微構造，像是昆蟲後翅的折疊步驟，可是花費了一番工夫才拍攝出來的，另外還要感謝楊曼妙老師協助提供拍攝擬態的物種標本。

　　昆蟲學知識廣泛，在編寫過程中我盡量挑選簡單易懂且具趣味性的主題，並以精采的生態照及插圖來代替文字，希望透過生動精采的畫面，引領各位讀者認識昆蟲，拓展自然生態的視野。

生態館35

昆蟲面對面

廖智安——著

赤裸裸的微距昆蟲觀察課

晨星出版

目次

Chapter1
從頭開始

昆蟲的頭部通常具有一對觸角、一對複眼、0～3個單眼以及口器。研究認為，昆蟲的頭部最少由六個原始體節癒合而成，稱之為「頭殼」。一般依照癒合形成的縫線及器官位置，昆蟲的頭部基本上可以區分為頭頂、前額、頭楯、頰等幾個部位，而不同種類的昆蟲，可能某些部位不是那麼明顯，以下我們就以最符合標準模式的直翅目昆蟲來作舉例說明。

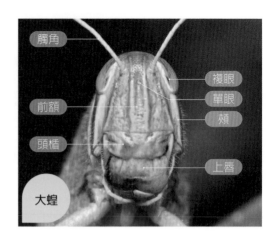

大蝗

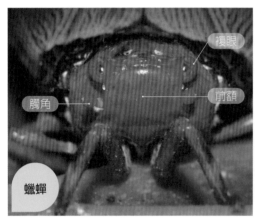

蠟蟬

長腳蜂

蛺蝶

鱗翅目頭上被覆細毛，各部區分不明顯，有些種類小顎鬚極為發達。

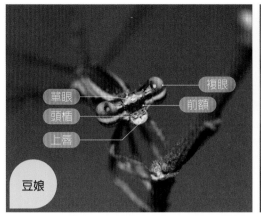

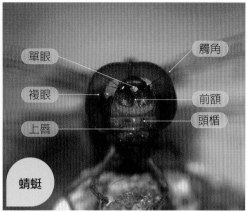

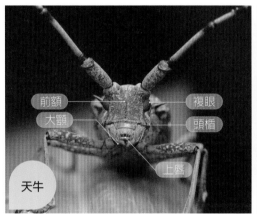

頭部向下延長形成長喙狀，頭楯、上唇區分不明顯。

頭部的形狀依各種類皆有不同差異，但若以口器位置為基準的話，大致可分成三大類：

1 前口式

口器開口位於頭部前方，與身體呈平行或直線。

鍬形蟲

琴蟲

步行蟲

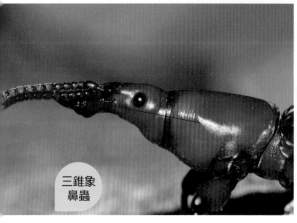

三錐象鼻蟲

擬鍬形蟲

2 後口式

口器開口朝向身體後方，
夾角小於90度，蟬、蠟蟬、
葉蟬等。

蟬

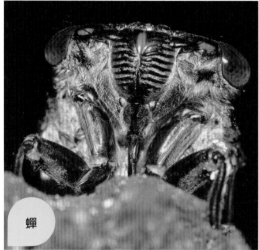

蟬

蠟蟬

蠟蟬

3 下口式

口器開口朝下與身體呈垂直或接近垂直的角度。

直翅目

直翅目

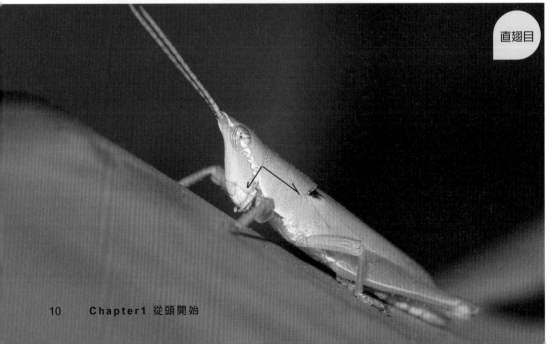

直翅目

直翅目

叩頭蟲

天牛

蜻蜓

單眼

屬於比較簡單的構造，沒有調節光線的能力，只能看得見很近的物體或者分辨明暗，隨物種不同，單眼數從 0 ～ 3 個，比如金龜、天牛等就沒有單眼，胡蜂、蟬、螳螂、蝗蟲之類有 3 個單眼。研究顯示單眼可以幫助昆蟲在飛行時，維持飛行的穩定性。

單眼又可以分成背單眼（原生單眼）與側單眼。背單眼是一般成蟲及若蟲（稚蟲）所具有的單眼，側單眼是完全變態的幼蟲所具有，像是鱗翅目幼蟲等。

臺灣曾有研究顯示，具有二個單眼的日行性昆蟲，單眼的眼距比較近，而夜行性昆蟲其單眼之間的距離則比較遠，至於具三個單眼的昆蟲中，日行性昆蟲的單眼都位在同一水平面上，單眼之間的眼距較短且角膜晶體皆朝上，然而夜行性昆蟲的單眼多數不在同一水平面上，眼距較寬且左右單眼的角膜晶體分別朝向左右，中單眼則朝前或朝下；日行性昆蟲的單眼角膜晶體全為圓突狀，而夜行性昆蟲多數為平板狀。

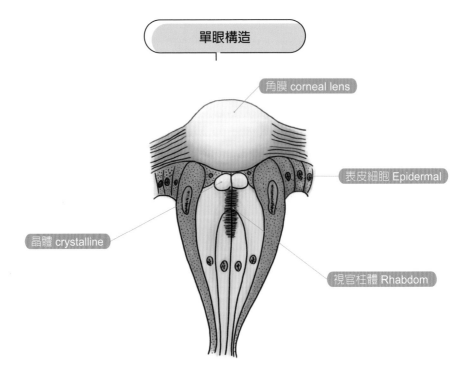

單眼構造

角膜 corneal lens

表皮細胞 Epidermal

晶體 crystalline

視宮柱體 Rhabdom

耳胸葉蟬

複眼中間兩個小小的紅點就是單眼。

普蝽

大多數的蝽都只有 2 個單眼，而且不是很發達。

角蟬

複眼間兩個黑色球狀的就是角蟬的單眼。

沫蟬

頭部接近前胸的兩個亮點就是反光的單眼。

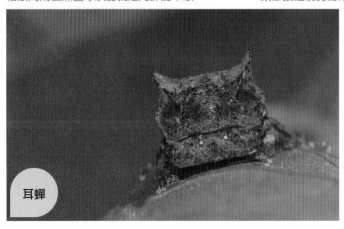

耳蟬

頭部中間兩個白色反光的亮點就是單眼的位置。

爺蟬

3 個單眼顏色略呈紅色，呈倒三角形排列。

螳螂

螳螂的單眼在頭部占有較大
比例，可於捕獵時提供更清
晰的視覺。

蜉蝣

正面觀察時可以發現
成蟲口器退化，3 個
單眼排列較為分開。

石蠶蛾

屬於毛翅目，但不是所有的毛翅目昆蟲都具有 3 個單眼，有些種類不具單眼。

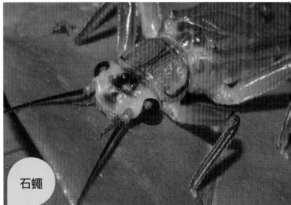

石蠅

頭部扁平，中央具有 3 個小小的單眼。

石蛉

單眼位置接近頭頂，明顯突出。

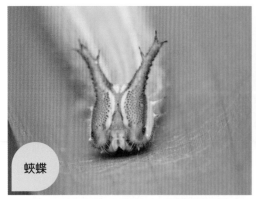

蛺蝶

蛇目蝶幼蟲的側單眼位於左右深色縱帶下半部。

夜蛾

頭部左右邊緣處各 3 個半球狀的部位就是側單眼。

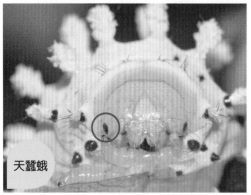

天蠶蛾

圈圈中深色位置上就是側單眼。

虎甲
幼蟲

頭部左右最突出的部位上，深色半球狀就是虎甲幼
蟲的側單眼。

長角蛉
幼蟲

黑色單眼排列在左右
兩側邊緣處。

複眼

多數昆蟲都具有一對明顯的複眼位於頭部兩端，外形有蝴蝶的球形、天牛的腎形、松藻蟲則是三角形，比較特別的是水生昆蟲中的豉甲分成上下兩半。

臺灣琉璃天牛

複眼被觸角基部分割成上下。

三輪錨紋天牛

天牛複眼圍繞著觸角，稱為腎形。

在水面游泳時，複眼上半部觀看水面上的動靜，下半部觀察水中的狀況。

豉甲

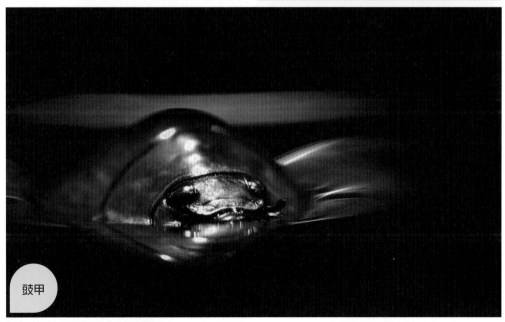

豉甲

浮在水面上時露出的上半部複眼。

蜉蝣

複眼發達，幾乎占據了頭部大半。

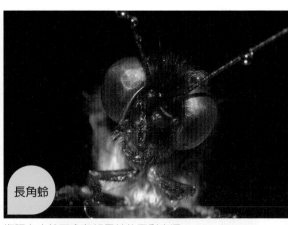

長角蛉

複眼在光線下會有如星芒的五彩光澤。

姬蜂

複眼略呈三角形。

微翅筒蠹蟲

複眼非常靠近，幾乎連在一起。

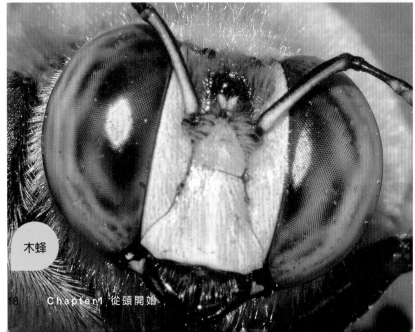

木蜂

複眼呈半球形。

複眼由很多小單位組成，組成的單位稱為小眼，小眼的數量會因不同種類或性別而異，例如蠅類，大概由 4000 個小眼組成，蜻蜓及豆娘每個複眼的小眼數可能在 10000 ～ 20000 上下。

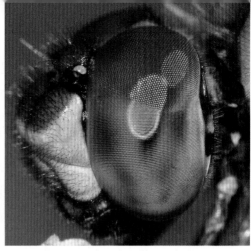

蜻蜓的複眼極為發達，複眼的位置及是否相連是分類上的特徵之一。

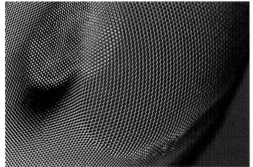

蜻蜓複眼由超過 10000 個小眼組成。

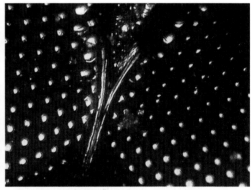

黃色的圓點是小眼角膜在偏斜光照射下的反光。

160 倍顯微鏡下的蜻蜓複眼。

鍬形蟲的複眼旁有所謂的眼緣突起，不同種類的形狀不一，是辨識的特徵之一。

臺灣深山鍬形蟲眼緣突起細窄。

昆蟲眼中的世界

一開始在電視或電影中，想像昆蟲複眼的視覺大多是類似電視牆一樣，每一個銀幕都是呈現相同影像，然而這並不正確。複眼視覺所看到的，其實是由眾多小眼所提供的影像組成，但是小眼並無法有效的成像，只能偵測光源的有無，所以真實的複眼視覺比較像是打了馬賽克的畫面，對影像的解析能力是很模糊的。

由於小眼內的視覺接受器從受到刺激，恢復到可再一次接受刺激的速度非常快，因而複眼在單位時間內可以分辨光影變化的次數非常多。換句話說，昆蟲對動作非常敏感，這也是為何突然的大動作會刺激到蟲子立刻逃逸的原因。相反地，若是以慢動作靠近，就可非常接近蟲子。

雖然複眼的影像解析度比人類的眼睛低，但是解析的速度比人類要快上 10 倍。實驗測出人的眼睛每秒能分辨 24 張畫面，而昆蟲的複眼則可以分辨 240 張左右，同時，複眼的視野比較大，這也可以解釋為何日常生活中無論我們從哪個方向靠近蟲子，只要動作一大，都會被發現。

昆蟲看到的是有如馬賽克般的畫面。

人類看到的。

獵人在奔跑時會看不到獵物 ── 虎甲蟲

根據測試，虎甲蟲奔跑的速度最快可以每小時超過 8 公里，一秒鐘內可以移動自身體長 120 ～ 170 倍的距離。若用人類的體型換算，相當於以每小時 773 ～ 1160 公里的速度奔跑。

虎甲蟲就是利用這種驚人的速度來追捕獵物和尋找配偶。但是當牠們在狂奔的時候，周圍環境在視野中就會變得一片模糊，因為複眼根本來不及收集足夠的光線形成影像，所以虎甲蟲必須停下來重新發現獵物，然後再繼續追逐，這也就是為何在野外看到虎甲蟲衝刺後忽然急停，接著再衝刺的原因。

螳螂是目前唯一證實具有立體視覺的昆蟲，螳螂利用立體視覺來估計與獵物的距離，當獵物進入捕捉足的有效距離時就會發動捕獵。

虎甲蟲在搜索獵物時 ，六足會將身體撐高離開地面。

發現獵物轉身準備捕捉的枯葉螳。

◑● 蝴蝶訪花實驗 ●◐

曾有學者以人工製作不同顏色、大小和花冠深度的花卉模型，進行白帶鋸蛺蝶（*Cethosia cyane*）、樺斑蝶（*Danaus chrysippus*）、紅鋸蛺蝶（*Cethosia biblis*）、大白斑蝶（*Idea leuconoe*）、淡紋青斑蝶（*Tirumala limniace*）、遷粉蝶（*Catopsilia pomona*）、黑脈樺斑（*Danaus genutia*）等七種蝴蝶的覓食反應，方法是測量蝴蝶在紅、橙、黃、紫、白等顏色的花卉模型上添加或不添加蜜水的訪花頻率，然後發現蝴蝶的訪花偏好會表現出以下四種模式：

1. 視覺優先於嗅覺。
2. 嗅覺優先於視覺。
3. 嗅覺和視覺一樣重要。
4. 僅使用嗅覺。

實驗過程中，皆在不同尺寸的花卉模型上用蜜水噴灑花朵，白帶鋸蛺蝶、大白斑蝶和樺斑蝶的訪花頻率會隨著花冠直徑呈正比，也就是越大朵的花越喜歡。白帶鋸蛺蝶和樺斑蝶表現出此趨勢是因為牠們強烈依賴視覺

樺斑蝶的覓食取向為視覺優先於嗅覺。

線索，而體型較大的大白斑蝶更喜歡較大的花朵，可能是因體型較大的蝴蝶需要取食更多花蜜；遷粉蝶則傾向於訪問中大型花朵，因為牠同時依賴視覺和氣味來檢測食物。

對於覓食的蝴蝶來說，大型花或中型花比起小型花具有更多的視覺和氣味刺激。由於其他三種蝴蝶缺乏對視覺的依賴，所以未表現出此種趨勢，而在實驗中，也得知蝴蝶訪花頻率與花冠深度之間沒有關聯，結果顯示蝴蝶的覓食取向不僅是取決於視覺和嗅覺線索的比重，還會受到蝴蝶自身體型大小的影響。

大白斑蝶喜歡挑選大型花朵。

嗅覺和視覺對遷粉蝶來說同樣重要。

黑脈樺斑對用來測試的五種顏色反應不太大，可是對蜜水的氣味卻非常敏感。

蝴蝶眼中所見到的世界和人類不同，他們能夠看到紅光至紫外線的光譜，如此一來，蝴蝶在訪花時，即可對藉由花在紫外線光譜中所發出的螢光來進行辨識。許多蝴蝶的翅膀上有紫外線標記，這也可幫助識別異性，例如日本紋白蝶雌蝶的翅膀就可反射紫外光，讓雄性更容易找到自己以增加交配的機會。

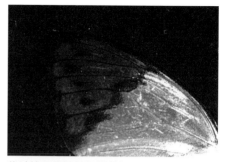

紫外線下的端紅粉蝶前翅。

蝴蝶有一對圓形的複眼，每隻複眼都有多達 17000 多個小眼，這些小眼共同組合成周遭環境的馬賽克視圖。由於每個小眼間所看到的角度略有不同，因此蝴蝶可以清晰地看到自身周圍 1 公分至 200 公尺，大約 314 度的範圍。除此之外，他們還可以看到偏振光，這表示其知道太陽的位置，並可把太陽當作指南針。

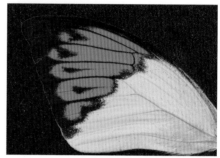

可見光下的端紅粉蝶前翅。

非洲產的一種蜣螂（糞金龜）可以在月光下通過偏振模式導航，是目前已知第一種可以這樣做的動物。另外蜣螂也可以在夜間無月光只看得到銀河情況下導航定位，使他們成為唯一可通過銀河系來定位自己的昆蟲。

臺灣小紫蛺蝶的複眼在微距鏡頭下可以看到格狀的小眼。

名詞解釋：偏振光（ polarized light ），又稱偏極光。光是屬於無特定方向性的電磁波，當透過一些特殊裝置或是自然現象就會變成單一方向的偏振光，如陽光照射到葉表所產生的反射光就屬於偏振光。

有研究結果顯示，昆蟲的複眼長得越向外突出，其視野就越開闊，而視力越好的昆蟲，組成複眼的小眼就越多。柄眼蠅的複眼長在長柄末端，視野差不多包含了前後、左右、上下，稱得上是四面八方皆可視，但由於柄眼蠅的眼睛是長在長柄末端，因此複眼不可能長得太大，致使組成複眼的小眼數量也不會很多，因而柄眼蠅雖有開闊的視野但視力卻不是很好，被形容為只是個戴著「高架眼鏡」的近視眼。

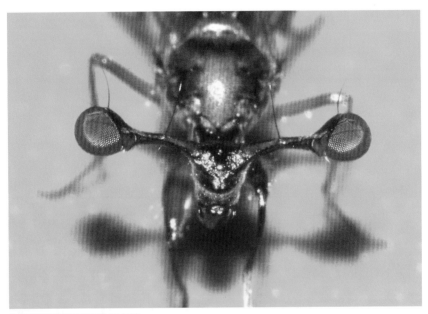

柄眼蠅的複眼位於眼柄末端。

柄眼蠅的頭部兩側向外延伸形成眼柄。

觸角的功能主要是觸覺、嗅覺與聽覺，當然也有一些具有特殊的輔助功能，例如地膽在交尾時，雄蟲利用觸角纏繞雌蟲、牙蟲藉由觸角幫助換氣。

紅頭地膽交尾時，雄蟲的觸角會纏繞雌蟲觸角。

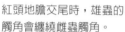

觸角的結構模式

第一節（直接連接頭部觸角骨片）稱為「柄節」，大多比較粗壯，觸角擺動的方式主要由柄節控制。

第二節稱為「梗節」，蚊子的聽覺器官 ── 蔣氏器（Johnston's Organ）就位於梗節。

第三節之後的稱為「鞭節」，節數因蟲而異，由一到數十節不等。例如直翅目的螽蜥就有好幾十節。一般同一物種節數相同，鞭節是觸角感覺的主要部分，由上面的感覺毛感觸振動。很多昆蟲只要每立方公尺的空氣中存在幾個費洛蒙氣味分子，就能「聞」到幾公里外的雌蟲存在。

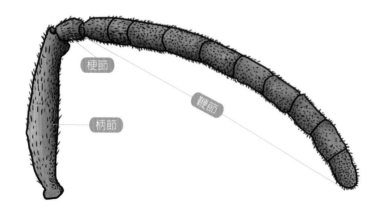

梗節

鞭節

柄節

1 絲狀

從基節到末端，整根觸角的粗細差不多，如蜻、蚤蝨。

石蠶蛾

觸角細長如髮絲，約與前翅等長。

端斜緣蝽

蚤蝨的觸角一般超過體長。

蜻

觸角細長，節數是分類的依據之一。

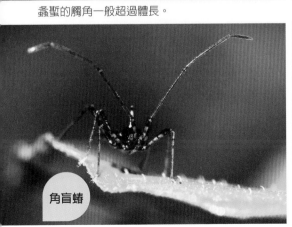

角盲蝽

觸角細長，第一節短且具有不明顯的瘤狀突起。

球蚤

觸角長度超過腹部，在野外不容易發現。

2 鞭狀

基節最粗，然各節逐漸變
細如鞭，例如蜻蜓、蟬。

蜻蜓的觸角在複眼之間呈細小的短鞭狀。

在顯微鏡下的蜻蜓觸角。

豆娘

觸角位於複眼間，肉眼不容易看到。

薄翅蟬

複眼間細細短短的就是觸角。

蟬

觸角位於複眼間，細小短鞭狀，肉眼不容易看到。

斯文豪
氏天牛

多數天牛的觸角基部較粗，逐漸變細如同長鞭。

3 羽狀

各節左右相對各有一支長分支，分支之間有明顯細毛，外觀就如同鳥的羽毛。

放大的羽狀觸角，可以看到長分支之間的細毛。

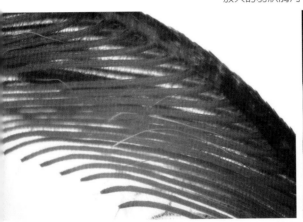

解剖顯微鏡下的羽狀觸角。

肉眼看起來觸角末端變細窄，稱之為基羽端鞭，意思是基部呈羽狀，尖端呈鞭狀。

柴谷氏蓬萊斑蛾

波斑
毒蛾

毒蛾

尖尾
尺蛾

尺蛾

4 膝狀

第一節較粗且有一定長度，其他各節緊密連結，常常會和第一節維持一定的角度，如同膝蓋彎曲一樣。

切葉蜂

大眼象鼻蟲觸角第一節延長，其他各節短小且末端膨大。

象鼻蟲受驚嚇時會將觸角收起併攏。

象鼻蟲觸角彎曲呈膝狀。

5 念珠狀

每一節中間膨大連接起來
像念珠一樣，如白蟻。

白蟻

念珠狀觸角的代表。

**長角象
鼻蟲**

每一節觸角中間膨大，所以也屬於念珠狀。

6 鋸齒狀

每一節呈三角形，觸角看
起來就如同鋸子一般。

鹿野氏
黑脈螢

屬於保育類的螢火蟲。

紅螢

常見的小型鞘翅目昆蟲。

長朽
木蟲

觸角 11 節，以枯倒木中或樹皮下的真菌為食，
夜間偶爾可以在燈下發現。

雙帶廣螢
金花蟲

偶爾在葛藤、火炭母草上出現。

駑螢

螢科日行性昆蟲，不發光。

7 雙櫛齒、櫛齒

每一節側邊有一根長分支，使得觸角看起來如同梳子一樣，每一節左右兩側各有一根分枝，則稱為雙櫛齒狀。

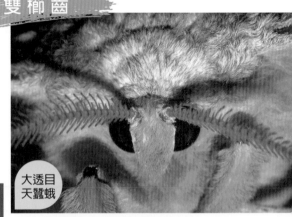

大透目天蠶蛾

長尾水青蛾

大花蚤

大蚊

叩頭蟲

馬來西亞產大型叩頭蟲。

櫛角
叩頭蟲

雄蟲觸角發達成櫛齒狀,雌蟲觸角細短略呈
鋸齒。

櫛角
石蛉

雄蟲才具有發達的櫛齒狀
觸角,雌蟲為絲狀。

櫛角蟲

幼蟲以腐朽木材為食,成蟲夜間具趨光性。

櫛角蟲

雄蟲觸角發達，每一節的分支細長。

隱唇
叩頭

末端呈梳狀。

垂鬚螢

螢火蟲的一種。

8 鑲毛狀

每一節都有成環狀排列的細毛。

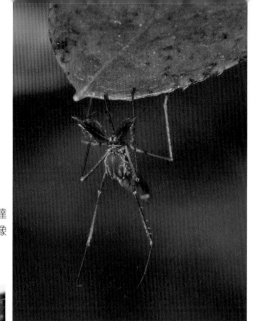

雄蚊的觸角發達蓬鬆,看起來像雞毛撢子一樣。

顯微鏡下的蚊子觸角。

搖蚊(雄)常見但不吸血。

雌蚊觸角各節環繞的細毛稀疏,與雄蚊明顯不同。

9 棒狀

從基部開始逐漸膨大，如球棒一樣，主要以蝴蝶為主，也有人形容成一根拉長的驚嘆號。

閃電
蛺蝶

小單帶
蛺蝶

琉璃
蛺蝶

琉璃紋
鳳蝶

臺灣白
紋鳳蝶

黃裳
鳳蝶

鳳蝶的觸角末端會稍微彎曲。

鉤狀

弄蝶特有的觸角，末端尖細彎曲如鉤。

10 球桿狀

末端幾節特別粗大，如同
高爾夫球桿。

擬叩頭蟲

觸角 11 節末端膨大。

長角蛉

觸角細長末端特別膨大，是長角蛉最明顯的特徵。

小十三星瓢蟲

瓢蟲觸角較短，肉眼不易觀察，在鏡頭下可以明顯看出觸角末端膨大。

擬瓢蟲

成蟲與幼蟲均為菌食性，取食各類真菌，一般在樹幹、枯倒木或枯枝落葉下活動。

郭公蟲

大多數的郭公蟲是肉食性，但也有腐食性或吸食花蜜的物種。

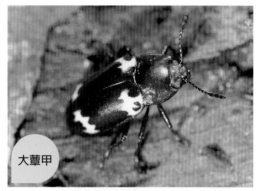

大蕈甲

偶爾在夜間可於燈下發現成蟲、幼蟲取食真菌。

紅胸埋葬蟲

11 鰓葉狀

觸角末端幾節扁平呈葉狀相疊。

南洋大兜蟲

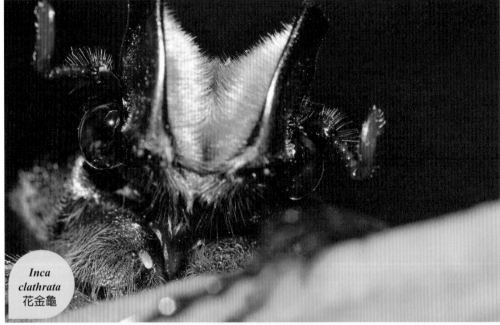

Inca clathrata 花金龜

綠豔長腳花金龜

血紅虎斑花金龜

大衛細
花金龜

吹粉
金龜

雄蟲觸角鰓葉特別發達。

大黑
豔甲

彩虹
鍬形蟲

鍬形蟲觸角末端數節明顯呈葉片狀。

12 時針狀

觸角中段幾節膨大，頭尾細如鐘錶的指針一樣。

臺灣鬚緣蝽

時針狀的觸角不多見，臺灣鬚緣蝽算是代表物種。

13 不正形

外型奇特粗短，一般分成三節，第三節較大，背面有長剛毛，稱為觸角芒。觸角芒的造型多變，是辨識科別的依據之一。

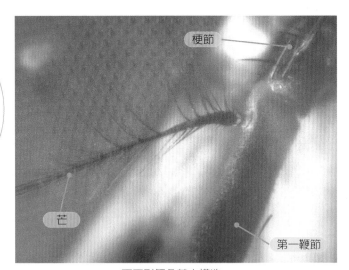

梗節

芒

第一鞭節

不正形觸角基本構造。

麗蠅科觸角三節具芒。觸角芒呈羽狀，觸角第二節有明顯凹陷。

食蟲虻觸角短，分成三段，有些具豬鬃狀的芒。

食蟲虻。

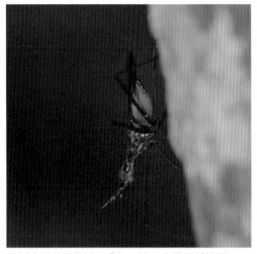

柄眼蠅

長腳瘦蠅科觸角短，分為三節，末節具前伸芒。

觸角短，三節，末節絲狀，位在眼柄接近複眼處。

虻科的觸角末節尖銳，觸角上無細毛或刺狀突起。

果實蠅科觸角一般甚短，鞭節三節，第三節最長，側緣具芒。

大多數昆蟲的嗅覺系統以觸角爲主，在觸角上大致可以發現三類不同的受體：氣味受體，可以識別不同的芳香化合物和信息素；味覺受體，辨別不同的味道並對一些信息素作出反應；離子型谷氨酸受體，可以精確地對各種有毒和有毒化合物起反應。

研究發現，螞蟻的嗅覺系統主要集中在氣味受體上。味覺受體和離子型谷氨酸受體的數量與其他昆蟲差不多。螞蟻大約有 400 種不同的氣味受體。相比之下，絲蛾有 52 種，果蠅有 61 種，蚊子有 74 到 158 種，蜜蜂有 174 種，所以螞蟻可以說是擁有異常靈敏的嗅覺。

昆蟲觸角上用於檢測氣味的特殊細胞，稱爲「嗅覺感受器」。當一個氣味分子接觸到一個嗅覺敏感器時，一個電脈衝就會被發送到昆蟲的大腦，昆蟲即可識別氣味，這就相當於人類聞到東西時，鼻子內部所發生的反應，但昆蟲的嗅覺接受器可以檢測到的氣味濃度，遠比人類能檢測到的更低得多，比如雄性天蠶蛾可以聞到 1 公里以外雌蛾所散發出的氣味，然而人類可能連 100 公尺外的麵包香味都聞不到。由於觸角是成對的，藉由擺動觸角，昆蟲可利用每個觸角之間氣味濃度的微小差異來確定氣味來源方向。

觸角除了嗅覺功能之外，還具備了聽覺功能。例如雄蚊靠觸角上的聽器可以「聽到」幾公尺外雌蚊飛行的嗡嗡聲，然後展開追逐求偶。市面上有所謂的超音波驅蚊器，號稱可以發出模仿雄蚊振翅的聲波頻率以嚇走雌蚊，其說法是因爲雌蚊在卵巢發育時需要吸血，在這階段雌蚊會躲避雄蚊求偶，因此驅蚊器會有驅蚊效果。然而實際上雌蚊會多次交配，並不會迴避雄蚊，同時不同種類蚊子飛行時振翅的頻率皆不同，因此就算超聲波驅蚊器能發出超音波，那也只是某一頻段的聲波，不可能針對所有的蚊子都有效。

蚊子的蔣氏器。

豉甲的觸角粗短，分成九節，具蔣氏器，可以感受到幾微米振幅的波，在水面呈現靜止狀態的豉甲可以經由觸角來定位落水的昆蟲，再快速衝向獵物捕捉，同時豉甲還可以使用本身游泳所產生的波進行迴聲定位來探測獵物。

水面上的豉甲。

豉甲感應到落水昆蟲的掙扎而快速靠近。

據研究，觸角相對較大和複雜的甲蟲（如吹粉金龜），使用揮發性較低的費洛蒙，而觸角相對簡單、較小的物種（如天牛），其使用的費洛蒙更容易揮發散播；另外，經實驗證明，胡蜂科蜂類對揮發性植物氣味的檢測能力會受觸角的大小影響。觸角較長的胡蜂，觸角上具有較多的感受器，所以能夠檢測到較低濃度的植物氣味刺激。

虎甲蟲在地面奔跑時，牠的觸角總是保持在相同的固定位置，筆直向前，呈 V 字形，略高於地面。奔跑時觸角就像是障礙物探測器，若在快速移動過程中碰到障礙物，觸角的尖端會先稍微向後彎曲然後向前彈起，這時候觸角受到的刺激就會提示身體稍微向上抬起，然後就可行雲流水般的越過障礙，而不是一頭直接撞上。

研究者做過實驗，設置一條長軌道，中間放置小木塊，再使用高速攝影機拍攝虎甲蟲奔跑，實驗分成三組，第一組將虎甲蟲複眼遮蔽，順利越過障礙，第二組是沒有任何處理的虎甲蟲，受測的虎甲蟲一樣順利越過，第三組則是將虎甲蟲的觸角剪短，結果虎甲蟲直接撞上障礙物。

帝王蝶在遷移時，利用太陽作為導航的依據，然而太陽的角度會隨時間而異，因此為保持正確方向，帝王蝶的觸角就必須負責矯正方位。

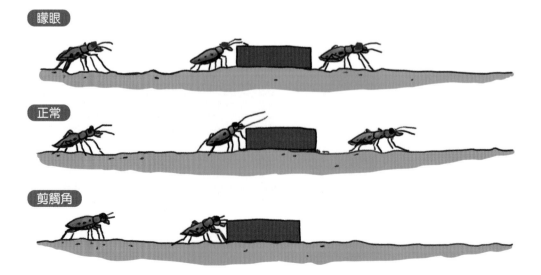

矇眼與正常無處理的昆蟲已跨越障礙物，但剪除觸角的會撞上障礙物。

昆蟲的觸角在各種活動中，難免會沾染到一些東西，而觸角又有嗅覺、觸覺甚至聽覺的功能，所以勢必要保持清潔，除了蜜蜂家族前足有專門清潔觸角的構造，其他的昆蟲就各自發展出清潔觸角的方式。

螳螂用口器來清潔觸角，特別是獵食之後一定會仔細的清潔一次。

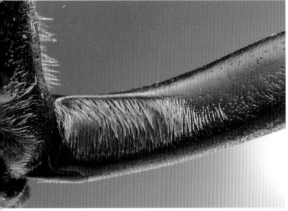

鍬形蟲前足腿節內側有一塊橢圓形區域密生絨毛，就是用來清潔觸角用的。

鬼豔鍬形蟲絨毛位置。

深山鍬形蟲絨毛位置。

天牛利用足來清潔觸角。

蚤蝥用前足將觸角勾到口器前，再用口器清潔。

蝗蟲若蟲用前足跗節清理觸角。

人面蟾如何清潔觸角

人面蟾用前足夾住觸角，觸角一邊往上拉，前足同時往下，靠著左右的跗節來清潔觸角。

吃肉、啃葉、吸蜜，甚至舔大便 —— 口器

　　昆蟲是世界上物種最多的家族，即使在極地也都能發現其蹤影，種類豐富多樣的昆蟲所攝食之食物各有偏好，像是植物的葉片、樹皮、莖幹、莖葉中的汁液、樹幹流出的樹液、樹根、花蜜，甚至是動物排遺、屍體、血液等。昆蟲為了能夠取食，演化出各種具備特殊功能的口器來應對不同的「食材」，而這些不同功能的口器皆由基礎的上唇、大顎、小顎、下唇等構造組合演變而成。

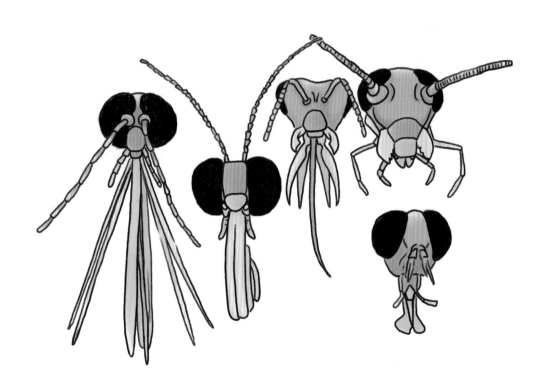

昆蟲的味覺感受器主要在下咽頭、上唇內側以及小顎鬚上。

咀嚼式

　　咀嚼固體食物，如取食植物的蝗蟲，大顎較短也寬厚，內側要利於研磨切斷的咀嚼面、肉食性的螳螂大顎比較薄，內側有銳齒利於切割獵物。

星天牛的大顎寬厚。

虎甲進食中用小顎夾住食物。

象鼻蟲的口器在長鼻狀的口吻末端。

枯葉螳用小顎協助固定食物。

蜻蜓的上唇明顯。

胡蜂的大顎。

泥壺蜂的大顎在修築泥壺時可以當作刮刀使用。

吉丁蟲取食植物葉片。

長角象鼻蟲。

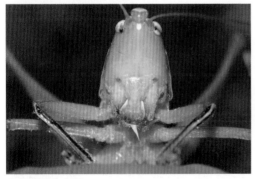

草蜢巨大的大顎。

巨腿螳清潔前足沾染的食物殘渣。

雄性虎甲在交尾時利用大顎來固定雌蟲。

凸眼蝗。

蠍蛉口吻延長成鳥喙狀，口器在末端。

螽的小顎鬚特別發達。

螳蛉捕捉小型昆蟲為食。

黃紋吉丁蟲啃食桃樹葉片時，會咬成長條狀缺口。

葉螩啃食葉片。

鍬形蟲交尾利用大顎固定雌蟲。

大多數兜蟲科的雄蟲頭部及胸部通常都有長短、粗細、不同形狀的角，這些不同造型的角也是與對手競爭的武器，角的粗細長短影響著這個種類的戰鬥方式：雄性獨角仙有一個長而分叉的頭角，在爭鬥中可以像叉子一樣把對手從樹幹上掀起和扭轉。雄性長戟大兜蟲有很長的頭角和胸角，可以像鉗子一樣使用，把對手夾住、抬起，然後將對手從樹上扔下去。雄性豎角兜蟲頭上有一個細長的頭角，造型類似西洋劍，既可以將頭角「刺」入對手身下，把對手從狹窄的枝條上抬起，也可以前進突刺，將對手推向側面失去平衡。

長戟大兜蟲的頭角和胸角像鉗子一樣可以夾住對手。

獨角仙低頭試圖將頭角插入對手身體下方。

豎角兜蟲細長的頭角。

豎角兜蟲細長的頭角可以像西洋劍
一般刺入對手身下。

鍬形蟲雄蟲如何以大顎作為爭鬥武器

鍬形蟲雄蟲以發達的大顎作為爭鬥的武器。鍬形蟲的大顎上有壓力感應器，種類不同，壓力感應器的位置也不同，而產生的攻擊方式也不相同，壓力感應器分布在大顎腹面的，比較常從上方往下夾擊對手，分布在大顎背面的會以由下往上的方式將對方頂起來。

TIPS
植食性昆蟲與肉食性昆蟲的大顎差異

虎甲蟲。

螽蝨的大顎。

水蠆的下唇特化延長，下唇鬚特化成鉗狀可以捕捉獵物，平時折疊覆蓋在頭部下方有如面具。水蠆又有水乞丐的俗稱，有一種說法是因為稚蟲捕獵時伸長的下唇就好像乞丐伸手討錢一樣。

鉤蜓水蠆用鋸齒狀的下唇鬚夾住獵物。

不同科別的蜻蜓，下唇
鬚特化的造型也不同。

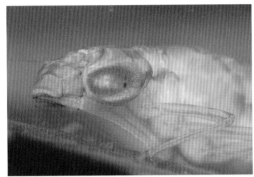

蜻蜓科水蠆的下唇鬚呈弧形片狀，邊緣有鋸齒。

晏蜓科水蠆的下唇鬚尖銳如釘子一樣。

豆娘

豆娘的下唇鬚沒有蜻蜓
那麼發達。

刺吸式

　　用來穿刺動、植物的組織吸收汁液，如蟬與蝽的大顎與小顎變形呈長針狀；上唇很小，呈三角形；下唇延長呈管狀，把針狀的大小顎包裹在裡面。

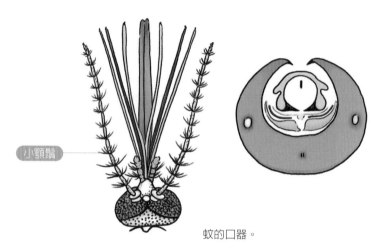

小顎鬚

蚊的口器。

雙翅目 — 虻。

食蟲虻

口器如釘子一樣插入獵物。

蚊

下唇形成的管子彎曲。

負子蟲

紅娘華

水黽

獵蝽

厲蝽進食的時候可以
看到外鞘彎曲。

獵蝽會尋找關節
縫隙插入口器。

59

盾蝽

柑橘角
肩蝽

草蟬

緣蝽

人面蝽

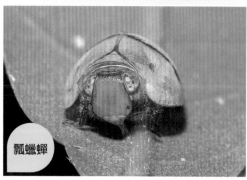

瓢蠟蟬

葉蟬

脈翅目和龍蝨的幼蟲口器比較特別，外形就像尖銳的鉗子一樣，大顎的腹面具有溝槽，和小顎拼成吸管，形成吸收顎，可以吸食獵物的體液。

蟻蛉
幼蟲

長角蛉
幼蟲

草蛉
幼蟲

龍蝨
幼蟲

曲管式

　　上唇與大顎退化，下唇只剩下唇鬚，
由左右的小顎鬚外瓣延長嵌合成管狀，不
用時捲曲如彈簧。

擬燈蛾

大白斑蝶吸食花蜜時口器伸展插入花中。

黃鳳蝶伸縮吸管。

流星蛺蝶血紅色的吸管。

枯葉蝶

口器在下唇鬚之間。

白蛺蝶

蛺蝶口器旁尖尖的就是發達的下唇鬚。

閃光
苔蛾

口器旁的下唇鬚不太明顯。

斑蝶

口器旁白色為下唇鬚部分。

車輪
螟蛾

捲曲如彈簧。

舐吸式

可以吸取液體食物，也可以經由口孔攝取小顆粒的物體。

如果蒼蠅發現好吃的東西，就會在上面嘔吐（反芻），其嘔吐物含有消化液，可以分解食物。接著蒼蠅會伸出口器，將消化過的食物及剛剛吐出來的一併吸進去，因此被蒼蠅吃過的東西，大概都殘留有牠上一餐的食物殘渣，要是牠從糞坑來，那麼可想而知，被牠拜訪過的食物很可能已受到汙染了。

寄生蠅伸出的口吻。

水虻在舐食葉片上的食物。　　　　　寄生蠅舐食汗水。

舐食汗水的微腳蠅。　　　　　　　　長腳瘦蠅清潔前足伸出口吻。

咀吸式

　　蜜蜂家族特有， 大顎及上唇的結構如同咀嚼式，用來切割及搬運建築巢室，小顎及下唇特化用來吸食花蜜。

大顎和咀嚼式功能相同，小顎及下唇形成類似吸管的構造用來吸食液體。

蜜蜂家族常常會吸食人類的汗水，在吸食過程中人類會感覺到刺刺的。

螫無墊蜂準備降落在花上吸蜜。

蜜蜂吸食花蜜。

昆蟲的臉譜藝術

昆蟲明星臉

　　昆蟲因為體型小，一般很難留意到昆蟲的面孔到底是什麼樣子？但是透過鏡頭將昆蟲放大後可以發現某些昆蟲的臉譜與漫畫、電影中很多非常有名的角色極為神似，完全表現出角色的特徵，甚至一些角色的原型就是從各種昆蟲發想，以下就讓我們來看看有哪些具有明星臉的昆蟲吧！

熊貓眼

葉蜂

臺灣黃斑蛺蝶

細菌人

麵包超人卡通中的人物，黑黑的面孔頭頂上有兩根角。

黑樹蔭蝶

星際大戰 — 達斯魔

星際大戰首部曲中出現的反派角色，武器是一把雙刃紅色光劍，紅色臉孔具有黑色花紋。

鸞褐弄蝶幼蟲

日本三麗鷗公司於 1974 年所創作的卡通形象，圓圓的臉、短短的貓耳，人物造型故意把嘴巴省略，所以也有無嘴貓的暱稱。

蛇目蝶幼蟲。

寶可夢 — 綠毛蟲

據說是從鳳蝶幼蟲得到的靈感，也是寶可夢中少數真實存在的角色。

黑鳳蝶
幼蟲

寶可夢 — 雪絨蛾

依據寶可夢百科的說法，雪絨蛾原型可能來自長尾水青蛾或姬長尾水青蛾。

長尾水
青蛾

寶可夢 — 赫拉克羅斯

依據寶可夢百科的說法，赫拉克羅斯源於獨角仙。

超級赫拉克羅斯則源於長戟大兜蟲。

獨角仙。

龍貓公車

刺蛾
幼蟲

刺蛾
幼蟲

八字褐
刺蛾

頭戴一頂小丑帽

流星蛺
蝶幼蟲

流星蛺
蝶幼蟲

假面騎士從 1971 年開始，當時的假面騎士 1 號就是以蝗蟲為設計原形，複眼改成紅色。

大蝗

大白條天牛

音速小子 — 索尼克

暗網叢螟蛾

發達的下唇鬚向後延伸像一對耳朵。

昆蟲的表情

你在看我嗎？有些時候在進行觀察螳螂的複眼時，會發現複眼上有看起來像是瞳孔的黑點，黑點還會隨著視線轉動，然而這情況並不是螳螂才有，其他昆蟲也有，特別是複眼顏色較淺的昆蟲，這個賦予了這些蟲子充滿趣味表情的黑點叫做pseudopupil，也就是「偽瞳孔」。由於複眼中正對我們視線的視桿細胞吸收了視軸的光，所以偽瞳孔才會呈現黑色，而產生轉動的感覺。

與昆蟲面對面時，昆蟲正面的造型及姿勢動作常常會引起很多有趣的聯想，甚至同一種昆蟲僅是一點點角度差異，給人的印象卻可能從可愛變成凶狠，就讓我們透過昆蟲的面部攝影來發揮無限的想像空間吧！

螳螂

微翅跳螳的臉因為假瞳孔看起來呆萌呆萌。

清潔觸角的螳螂，因為假瞳孔多了幾分偷看的感覺。

簡單的清潔動作因為假瞳孔的關係，就成了奇葉螳托腮思考。

搞著臉頰斜眼。

左顧右盼。

歪頭眼角朝上的幽靈螳。

眼角朝下揮揮手。

側頭斜眼不耐煩。

頂著高冠抬眼。

警慎戒懼。

長角蛾淡黃色的複眼讓假瞳孔顯得更明顯。

海南角螳的凝視。

阿里山小
灰挾蝶

複眼間的一排短毛，是不是很有龐克的感覺？

紅邊黃
小灰蝶

烏溜溜的大眼睛，伸長了口器吸花蜜，有一種憨憨
的感覺。

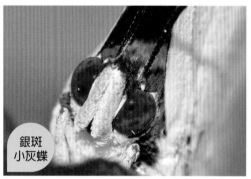

銀斑
小灰蝶

複眼上細細的短毛是不是挺像假睫毛？

黃鳳蝶

看起來很嚴肅的樣子。

大白斑蝶

小顎鬚絨毛剛好有條彎曲的縫，就像微笑一樣。

紅目天
蠶蛾

雄蛾發達的觸角就像兔子的耳朵。

枯葉蛾

幾乎看不到複眼，彷彿眉目糾結的老人。

**四黑目
天蠶蛾**

漆黑的大眼配上如同黃色大耳朵的觸角，是不是有
種無辜的模樣。

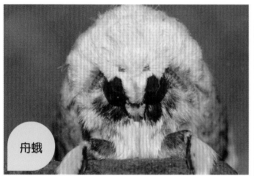

舟蛾

細細的絨毛就像是絨毛玩具一般。

**長尾
水青蛾**

從葉片的破洞中露出一臉好奇的看著世界。

天蛾

平伸的觸角是不是頗像橫眉豎目。

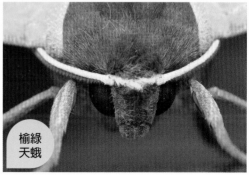

**榆綠
天蛾**

彎曲向上的觸角搭配深褐色的大眼，表現出生氣的
表情。

角蟬

角蟬的體型太小，不容易進行觀察，如果透過鏡頭放大，角蟬的正面其實充滿了趣味，從正面看的時候，試著把複眼遮住，就會出現一張特殊的臉孔。

三刺角蟬

錨角蟬

高冠角蟬

棘兔角蟬

三刺角蟬

鋸角蟬

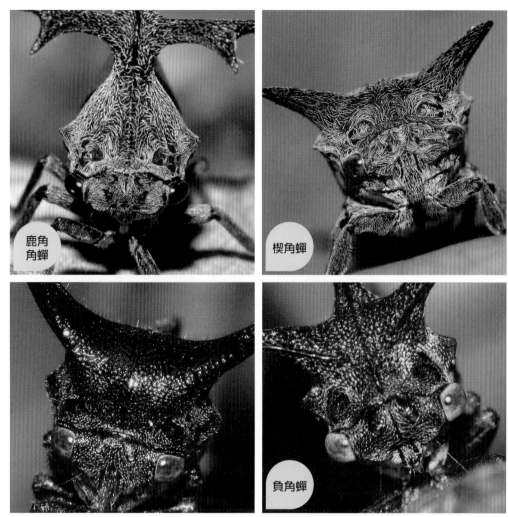

鹿角
角蟬

楔角蟬

負角蟬

正面好像帶著一頂帽子。

前胸的兩塊黑斑就像凹陷的眼睛。

看起來很生氣的樣子。

75

蠟蟬家族的正面因為前額扁平，看起來多半是板著一張臉，有的頭尖、有的臉平、有的長角（其實是額頭），觸角也比其他的蟲特別。

蠟蟬

中小型蠟蟬五角形的正面是特徵之一。

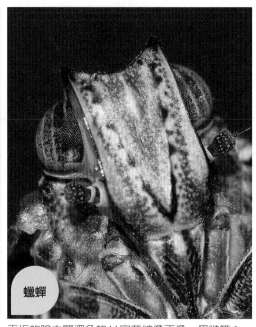

蠟蟬

平板的臉中間深色的 V 字花紋像不像一個微笑？

象蠟蟬

廣翅
蠟蟬

若蟲吸食植物汁液中。

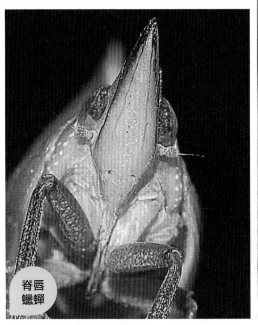

脊唇
蠟蟬

整隻蟲像一片綠色的小葉子。

龍眼雞

長長的突起是額頭。

青黑
蠟蟬

鮮黃色的部位是觸角。

關於昆蟲的奇特前額

臺灣的渡邊氏長吻白蠟蟬頭部前方具有一個長長的突起，有些人在形容時會說這種昆蟲有個長鼻子，然而事實並非如此喔！那個長長的突起其實是牠的前額。蠟蟬科昆蟲中，很多物種都有這種造型的長額，其中最特殊的是中南美叢林中的提燈蟲（*Fulgora laternaria*）。提燈蟲是蠟蟬中體型最大的種類，其前額突出膨大像個奇怪的花生，也有人認為像鱷魚，剛發現這種昆蟲時，據說其花生狀的額頭晚上會發光，所以稱之為「提燈蟲」。

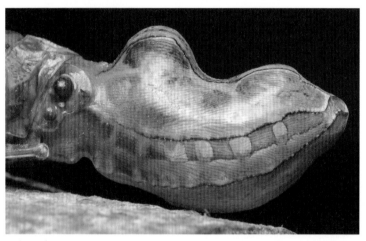

Fulgora laternaria
是蠟蟬中體型最大的種類，具有誇張的前額突起。

龍眼雞

主要分布東南亞，目前已入侵臺灣。

鼻蠟蟬

椎頭
蠟蟬

前額突起上有顆粒，乃是偽裝成樹皮的紋路　前額突起扁平呈刀狀。
（馬來西亞產）。

Pyrops sp.
蠟蟬科（馬來西亞產）。

葉蟬的額頭有各種形狀的變化，有些突出圓厚，有些扁平如紙片，也有突出如三角形，以刺吸式口器吸食植物汁液維生。生性害羞謹慎，當人類靠近時會轉移躲藏，只有當牠的口器刺進植物表皮正在進食時比較容易接近，仔細觀察就能發現牠會從腹部末端將多餘水分排出，而排出的水會形成水珠，這時只要善用閃光燈就能拍出各種有趣的光影。

葉蟬

觸角著生在複眼之間，此可作為與蠟蟬家族區別的特徵。

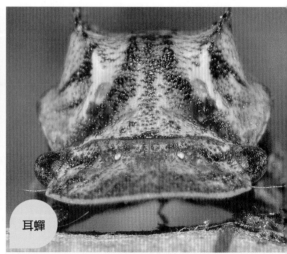

耳蟬

正面猶如青蛙一般。

刺沫蟬

複眼間隆起，宛如大鼻子般。

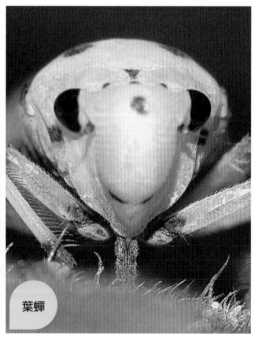

葉蟬

凹大葉蟬屬正在吸食汁液。

靛異冠
葉蟬

靛異冠葉蟬有深藍色或紅褐色二
種色型，頭部的斑紋也有二型。

片頭
葉蟬

扁平像鴨嘴的頭部是特徵之一。

角胸
葉蟬

角胸葉蟬扁扁的頭。

甲蟲之中臉面最長的當屬象鼻蟲家族。頭部向前延伸有如大象鼻子一樣，臉頰延長形成口喙，在最末端的地方則是咀嚼式口器。多數種類的大顎隱藏在管狀的口喙裡，因此不是很明顯，然而有些物種像是三椎象鼻蟲的雄蟲具有肉眼可見的發達大顎。

三錐
象鼻蟲

長角
象鼻蟲

用長長的口吻在殼斗科果實上挖洞的象鼻蟲。

口吻較寬的象鼻蟲。

表面覆滿蠟粉的
白波粉象鼻蟲。

直翅目昆蟲的臉譜總是帶給人一種憨厚的感覺，複眼在臉上不同的比例大小表現出各種趣味，攝影時利用光線角度帶出的假瞳孔，讓這些蟲子的表情看起來更加豐富。

直翅目的蝗蟲家族就是有種呆呆的感覺。

凸眼蝗特別的大眼有外星人的 FU。

班角蝗的臉部構造讓牠看起來呆滯可愛。

左搖右擺的螽蟖若蟲露出驚慌的眼神。

偷偷看著你 —— 龍頭螽。

吉丁蟲科

步行蟲科

英文別名珠寶甲蟲或金屬鑽木甲蟲,因為牠們具有金屬光澤的彩虹色,在日本又稱為玉蟲。

英文名 Ground beetles,虎甲蟲也屬於步行蟲科,全世界超過四萬種,體型流線略呈葫蘆狀,足細長擅於步行。肉食性,捕捉其他小型動物,包括昆蟲、蝸牛、蛞蝓等。

菊虎科

瓢蟲科

又稱花螢科,目前已知全世界有超過 5000 種。一般體型瘦長、鞘翅柔軟。成蟲肉食性,常可見到其停棲於花朵上。會捕食其他小型昆蟲,如蚜蟲或蛾類幼蟲等。

全世界超過 5000 種,體型呈半球狀,依種類不同可以區分為捕食蚜蟲、介殼蟲之類的肉食性、取食白粉菌等的菌食性、以植物葉片為食的植食性。

擬步行蟲科

全世界超二萬五千種,一般為植食性,除少數種類白天活動之外,多數是夜行性。

叩頭蟲科

擬鍬形蟲科

全世界已知約 8000 多種。前胸活動自如，後緣尖銳；前胸腹板後緣中央具突起，嵌入中胸腹板的凹槽內。幼蟲多為植食性，取食朽木、植物根莖，少數為肉食性。

又稱三櫛牛科，已知 13 種，外觀像是天牛和鍬形蟲的混合體，大顎發達延長，觸角長，末端三節呈鰓葉狀，幼蟲棲息於朽木中。

花金龜科

大多數是日行性昆蟲，小型的花金龜會訪花。花金龜飛行能力極佳，即使是大型種類也可以輕易的從地面起飛，而且可以長時間盤旋飛行。花金龜在飛行時並不像其他甲蟲張開鞘翅，而是將鞘翅稍微外翻，直接展開後翅飛行。

金花蟲科

長臂金龜

又稱為葉甲科，可見跗節為四節，大多數種類的成蟲以特定植物為食，幼蟲取食葉片或在植物莖中取食。

全世界已知 3 屬 13 種，主要分布在亞洲、歐洲。雄蟲具有發達延長的前足，雌蟲則正常。幼蟲以朽木為食。

螢科

龍蝨科

全世界有 2000 多種,複眼發達,前胸背板蓋過頭部,多數種類能發光,幼蟲肉食性,捕食小型蝸牛、蛞蝓、蚯蚓等,水生幼蟲則捕食貝類及螺類。

水棲甲蟲,池沼、小溪等水域都可以發現,成蟲及幼蟲均為肉食性,雄蟲前足特化成把握足,後足為游泳足。

黑豔甲科

全世界已知 600 種以上,觸角鰓葉狀可捲曲,大顎發達,成蟲及幼蟲均取食朽木,成蟲和幼蟲棲息在一起。

擬瓢蟲科

蟬寄甲科

英文名 handsome fungus beetles,全世界已知超過 1700 種,大多數取食真菌的子實體,有些種類會群聚。

雌蟲將卵產於蟬會聚集的樹種之樹皮裂縫中,卵被雨水沖刷至地面後,剛孵化的幼蟲可自由活動,會主動在土壤中搜尋蟬的若蟲,找到之後轉變成為蠐螬型幼蟲,附在蟬的若蟲身上取食,由於數量不多,因此不容易發現。

天牛

已知全世界約有二萬六千種天牛，植食性，成蟲取食花粉、嫩枝、嫩葉、樹皮、樹汁或果實、菌類等，有些種類成蟲不取食。幼蟲取食乾枯或活的植物莖幹。天牛家族每一物種的面目各不相同，有的斯文秀氣、有的橫眉豎目、有的憨厚老實。

松斑
天牛

白條尖
天牛

星天牛

蛛型長
角天牛

白條
天牛

無紋粗
天牛

琉璃
天牛

姬天牛

虎天牛

星胸黑
虎天牛

馬來西亞
粗天牛

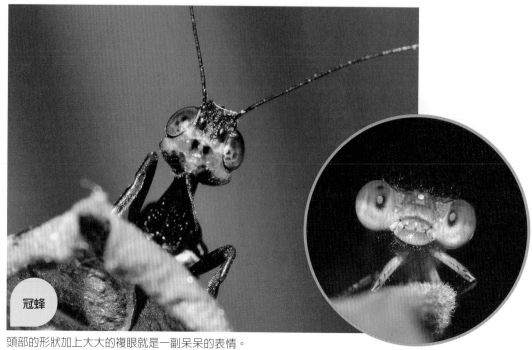

其他昆蟲

冠蜂

頭部的形狀加上大大的複眼就是一副呆呆的表情。

豆娘在適當的光線下也會有假瞳孔出現。

竹節蟲呆滯的眼神。

長角蛉滿臉長毛，有絨毛玩具的可愛。

每一種幼蟲的頭部都有不同的花紋及顏色，就如同國劇臉譜一般。

蛾的幼蟲

舟蛾幼蟲。

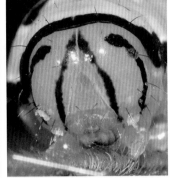

舟蛾幼蟲。

夜蛾幼蟲。

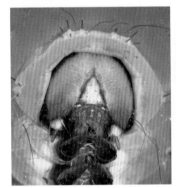

六手合十。

有沒有那麼一點凱蒂貓的感覺。

頭頂兩個小丸子。

蝶的幼蟲

鸞褐弄蝶。

鐵色絨毛弄蝶。

臺灣大褐弄蝶。

白傘弄蝶。

姬小紋青斑蝶。

端紫斑蝶。

誇張的頭飾

鱗翅目中有些種類（如蛺蝶）的幼蟲頭上長有角狀突起，各有造型。

石墻蝶。

樹蔭蝶。

豹紋蝶。

白條斑蔭蝶

頭上尖尖的突起靜止時，會臉貼著葉片讓自己看起來更像葉脈的一部分。

首環蛺蝶

深色頭角的球狀突起具長毛，就像古代兒童的沖天髮辮。

臺灣小紫蛺蝶

臉頰兩側皆有角狀突起是這一屬的特徵之一。

蛇目蝶
紅色的頭角在拍攝面部時極具特色。

雙尾蛺蝶
像恐龍般的造型戲稱為四角恐龍。

蛇目蝶
頭角上有細毛。

虬髯客

有些幼蟲的面部長滿了毛或尖刺，好像一臉的大鬍子。

孔雀青蛺蝶。

單帶蛺蝶。

三線蛺蝶屬。

琉璃蛺蝶。

黑端豹斑蝶。

臺灣黃斑蛺蝶。

Chapter2
走跳、泅水、
洗面，足厲害

昆蟲具有三對足，每一胸節各一對，位於前胸是「前足」，中胸為「中足」，後胸為「後足」，主要功能是用來支撐身體及行動，又因棲息環境及習性差異，有些物種會演化出捕捉、跳躍、游泳等特殊功能或是其他造型。

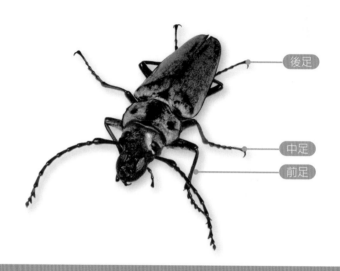

後足

中足

前足

足部基本構造

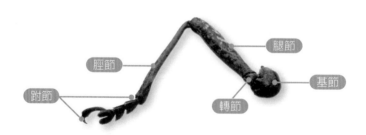

腿節

脛節

基節

跗節

轉節

基節：足與身體相連的地方，形狀因種類而不同。

轉節：基節與腿節之間，轉節一般比較小。

腿節：足部構造中比較發達的部位，尤其是跳躍能力強的種類特別發達。

脛節：腿節與跗節之間，一般比較細長，背面有 1～2 排刺及 1 或 2 對脛距，在脛節末的稱為端距，距離末端較遠的則稱為中距。

跗節：連接脛節末端，由 1～5 節組成，跗節的節數常是辨識科別的重要特徵。

鍬形蟲 5 節　　　蛺蝶 5 節　　　叩頭蟲 5 節

食蟲虻 5 節　　　粗腿金花蟲 4 節　　　天牛 4 節

棘腳蚤 4 節　　　蠟蟬 3 節

蟬 3 節　　　紅娘華 1 節

● ● 幼蟲的足 ● ●

完全變態的昆蟲中，鞘翅目、脈翅目的幼蟲只有在胸部具有 3 對足，鱗翅目（蝶、蛾）、膜翅目葉蜂等幼蟲，除了胸足之外，在腹部也有腹足，但腹足多半沒有分節，末端則具有輪狀或弧狀排列的小鉤子，這些小鉤子稱為「原足鉤」，經常是幼蟲分類的特徵之一，腹足多寡也因科別而異。

原足鉤。

脈翅目幼蟲。

鍬形蟲科幼蟲，僅有胸足 3 對。

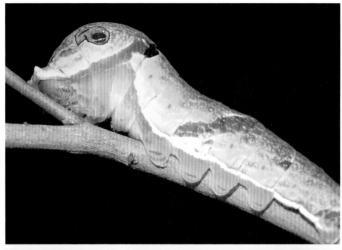

鳳蝶科幼蟲。

夜蛾科幼蟲。

尺蛾幼蟲僅腹部最末兩節有腹足。

黑豔甲幼蟲後足特化成發音器

黑豔甲科是會照顧幼蟲的甲蟲，成群
生活在腐爛的原木或樹樁內。成蟲在
朽木內挖掘隧道，然後雌蟲在裡面產
卵。此外，黑豔甲還可發出十四種聲
音信號來互相溝通。成蟲透過摩擦腹
部和鞘翅發出聲音；幼蟲用後足摩擦
中足基部來發出聲音。

捕捉足

　　腿節後方有凹槽或利齒，脛節向後彎
曲，具齒或呈鐮刀狀，適用於捕獵。

螳螂

是具有捕捉足的昆蟲中，最具有代表性的類別。

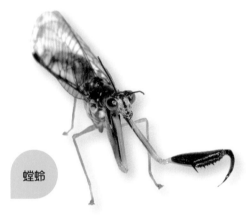

螳蛉

因其具有捕捉足，前半身像螳螂，後半
部像蜂，所以有人稱牠為「蜂螳螂」。

紅娘華

利用捕捉足捕食水中的其他小動物，包括魚蝦及其
他水生昆蟲。

水螳螂

體型細瘦，捕捉足也較為纖細，因此只能捕捉小型
獵物。

螳蝽

獵蝽中少數具有捕捉足的種類。

蟋螽

雖然沒有鐮刀狀的捕捉足，但是捕獵一樣可以很兇悍。

棘腳螽的死亡擁抱，慢慢靠近獵物以後，一躍而上用擁抱的姿勢抓住獵物。

捕捉到天蛾幼蟲。

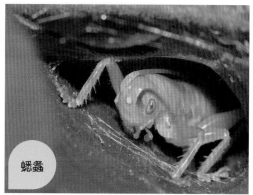

蟋螽前足脛節的兩排刺可以讓牠們牢牢抓住獵物。

步行足

　　各節細長，用於步行，特別是脛節，適合緩步移動
或快速奔跑，移動的速度則因種類而異。

擬食蝸
步行蟲

因鞘翅癒合而失去飛
行能力，在地面搜尋
捕捉獵物，如蝸牛。

臺灣蚊蠍

姬蜂

蚋蠍也是步行速度極快的昆蟲。　　　　會在枝葉間短距離步行，以尋找獵物。

琴蟲

蛛蜂

琴蟲屬於步行蟲科，棲息於朽木真菌間緩步移動。　在搜尋蜘蛛時會在枝條間或地面疾行。

凌波微步 ── 在水面漫步的水黽

水黽的中足和後足跗節具有濃密的毛叢,這些毛叢和水的表面張力互相作用,就足以支撐水黽的體重。同時水黽的跗節上具有非常敏感的感覺器官,可以感應到落水的昆蟲在水面掙扎所產生的水波,並且定位。中足是主要的推進動力,後足則相當於方向舵。水黽在水面上的速度可以達到1.5 公尺 / 秒。

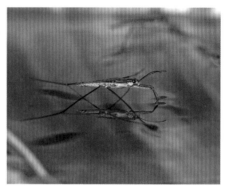

水黽。

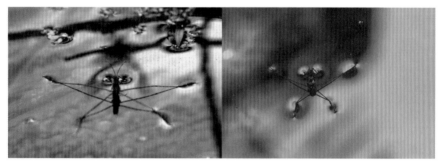

水黽在水面上「踩」出的凹陷。

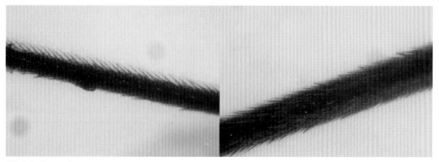

跗節上的細毛。

跳躍足

　　腿節特別發達，脛節細長，後側有
刺，末端有距。

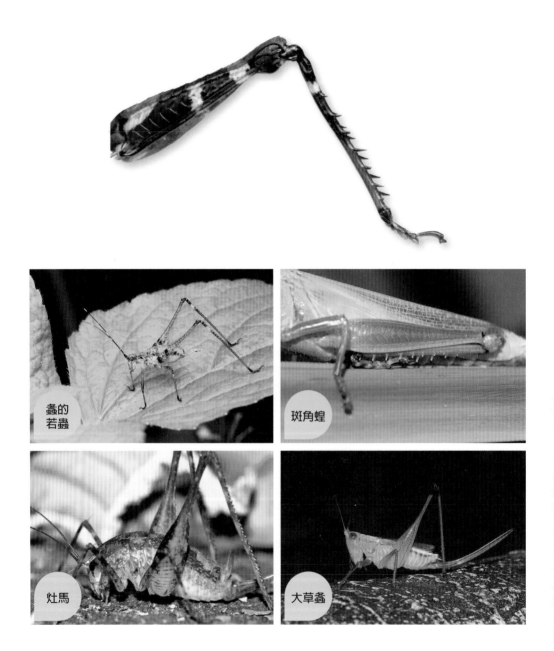

蟋的
若蟲

斑角蝗

灶馬

大草蟋

◉● 花式跳躍 ●◉

叩頭蟲的前胸腹面有一個楔形的長突起，延長插入到中胸腹面的一個凹槽，當叩頭蟲六腳朝天時，會把頭向後仰，前胸和中胸折成一個角度，楔形突起頂住凹槽前方，形成了一個類似板機的機關。當牠發達的肌肉收縮時，前胸準確而有力地向中胸收攏，後背撞擊在地面上，就會使身體向空中彈躍起來。

楔形突起頂住凹槽前方。

肌肉收縮時，楔形突起錯開滑入凹槽產生彈力。

腹面楔形突起及凹槽。

角蟬、葉蟬、蠟蟬、瓢蠟蟬等半翅目家族雖然沒有跳躍足，但不論是成蟲還是若蟲，都有非常好的跳躍能力，攝影者往往在靠近的一瞬間，牠啪一聲就跳走了。

昆蟲學家在研究這些小蟲子時發現好幾個科在若蟲階段，後足轉節帶有「齒輪」結構，每條後腿上都有相同數量的 10～12 個錐形齒，齒的排列具圓角曲線，且左右錐形齒密合地相互卡住。如此一來，可使足部肌肉能夠同步發力，在 30 微秒內就完成跳躍動作。跳躍距離大約 30～40cm，為若蟲體長的 100 倍，但這種精密的齒輪構造只有在若蟲時期才有。

就跳躍能力與體型對比而言，沫蟬的表現優於角蟬、葉蟬、蠟蟬、瓢蠟蟬等昆蟲；牠們的跳躍高度遠高於跳蚤（135 倍）、蝗蟲（8 倍）和人類（2～3 倍），相當於人類跳過 210 公尺高的摩天大樓。

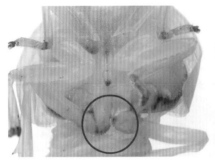

廣翅蠟蟬後足轉節的齒狀突起。

轉節上的齒輪。

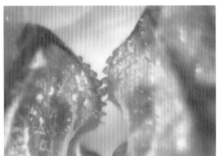

放大 70 倍。

眼紋廣翅蠟蟬成蟲後足沒有齒狀突起。

廣翅蠟蟬若蟲。

曙沫蟬。

小斑紅沫蟬。

三刺角蟬。

瓢蠟蟬。

跳蚤的關節中含有節肢
彈性蛋白，其作用就像
彈簧一樣，遭受到外來
力量時會先將其吸收，
然後再把儲存的力道於
受力消失時釋放。

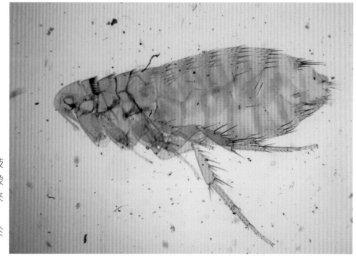

攜粉足

　　經常可以見到蜜蜂家族在花朵間進進出出，全身沾滿了花粉。這時蜜蜂會用後足將身上沾染的花粉刮下集中在後足脛節，看起來就像有一團花粉掛在腿上。

　　蜜蜂的後足扁平，第一跗節內側有一排排的細齒，專門用來收集身上沾到的花粉，稱之為「花粉梳」，脛節扁平，外側有凹槽，凹槽外有長毛，末端具彎曲朝上的長毛，主要是用來堆積儲存花粉，稱為「花粉籃」。

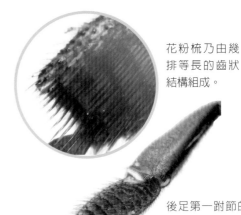

蜜蜂後足上花粉籃的花粉團。

蜜蜂後足。

花粉梳乃由幾排等長的齒狀結構組成。

後足第一跗節的花粉梳，呈扁平狀，內側有幾排梳狀齒，用來收集身體上附著的花粉。

構成花粉籃的長毛。

後足脛節扁平，外側有溝槽，脛節末端具一排彎曲的齒狀長毛，稱為「花粉籃」，用來儲放收集的花粉。

開掘足

脛節末端有耙型齒列，跗節短小，適合用來挖掘。

螻蛄

利用像怪手一樣的前足在地下挖掘隧道。

側裸蜣螂
（推糞金龜）

糞球製成後會再尋找適合的地方挖洞掩埋。

直角渫蜣

會直接從動物糞便上向下挖掘隧道。

大黑糞金龜

前足在地下挖掘出堆放糞球的空間。

蟬的若蟲

若蟲時期在土中靠著前足於植物根系間生存。

游泳足

　　各節扁平，脛節及跗節有刷狀長毛，
像船槳一樣。

龍蝨

跗節扁平有刷狀毛。

牙蟲

中後足跗節有刷狀毛。

松藻蟲

後足延長扁平如船槳。

負子蟲

中後足脛節都有刷狀毛用來游泳。

有學者認為豉甲是游的最快的昆蟲之一，豉甲游泳的速度主要取決於後足，而中足用於轉向（前足用於抓取獵物，游泳時緊縮在身體兩側，接近獵物時才伸出捕捉），豉甲是少數能夠高效能進行精確的急轉彎和 S 形規避動作的水生昆蟲。

前足用來捕捉落水的昆蟲。

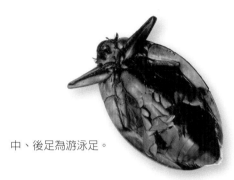

中、後足為游泳足。

黏附足

跗節的褥盤或爪間體上有細密的空心毛或腺孔可以分泌黏液，蟲子可以行走在如玻璃之類的光滑物體上。

粗腿金花蟲的跗節腹面。

跗節背面。

跗節腹面具濃密毛叢。

假莖象鼻蟲

可以輕易地在光滑的香蕉假莖上行走。

白斑大葉蚤明顯寬大的跗節。

把握足

　　龍蝨前足第一跗節變形成盤狀，腹面具吸盤，交尾時用來吸附於雌蟲背面。龍蝨的種類不同，吸盤的外型也不一樣。

灰龍蝨前足。

腹面具吸盤。

放大後可見吸盤外還有很多細毛叢。

大龍蝨前足背面。

大龍蝨前足腹面。

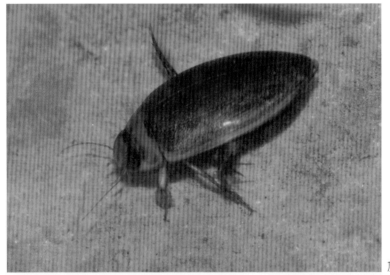

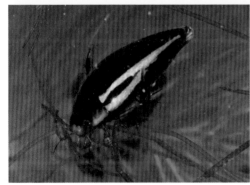
黃紋麗龍蝨。

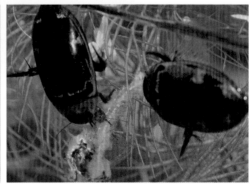
太平洋麗龍蝨。

灰龍蝨。

清潔足

　　前足脛節末端後方端距變寬，第一跗節近基部處有一凹陷，觸角放入兩者中間，配合前足的動作即可進行清潔。

熊蜂的前足也有清潔構造，同樣屬於「清潔足」。

蜜蜂的前足構造。

觸角剛好可以放入凹陷處。

攀緣足

　　脛節末端後方有指狀突出，與彎曲的爪相對，適合攀緣動物毛髮，是蝨子特有的足部特化。

昆蟲有味覺嗎？

蝴蝶的跗節上具有化學感受器，所以牠們是通過足部的跗節來「品嚐」植物味道，就像人類通過舌頭上的味蕾來品嚐食物一樣。但有些種類的雌蝶在產卵時會先「踩一踩」葉片，目的是為了尋找適合的植物產卵。在產卵前，雌蝶需要先檢測葉子上的化學物質是否正確，再來確認該植物是否適合幼蟲取食。

有研究顯示雙翅目和鱗翅目昆蟲是通過牠們的跗節來識別甜味、苦味和酸味。另外一個針對西方蜜蜂（Apis mellifera）對蔗糖的食慾反應研究，結果顯示蜜蜂需要由跗節來「品嚐」食物的味道。

蚊子的味覺器官也在跗節，牠們以含糖基質為食，包括植物的花蜜、蜜露和植物汁液。花蜜通常含有高濃度糖分，當蚊子的味覺器官接受到糖的刺激時，蚊子的口器就會開始動作，同時咽部也會做出抽吸的反應，然後開始吸食，這種行為反應取決於糖分子（例如蔗糖）的特性以及濃度。相對的，苦味化合物和高濃度的鹽分會引起厭惡反應。氯化銨或高濃度鹽會引起排斥反應，移開口器並抑制進食行為，這些反應可能是為了防止攝取到有害的食物來源。

雌蚊在產卵時會以跗節上的味覺器官檢驗鹽分濃度，以決定是否產卵。雌蚊可以透過味覺「品嚐」在人或動物皮膚表面微生物所合成的化合物質，藉由味覺線索還能協助指引蚊子叮咬在精確位置。

蒼蠅的味覺器官在足部跗節，經常可見蒼蠅揉搓前足的動作，即是正在清潔跗節上的味覺器官。

Column

昆蟲的聽覺

昆蟲感受聽覺的方式及聽到的內容差異很大，像是蚊子可以聽到一公尺以外的聲音；蟲蜇可以聽到一公里以外的聲音來源；蟋蟀的聽器可以檢測低頻；螳螂和部分蛾類的聽器可接收到超音波的頻率，這些都遠遠超出人或狗所能聽到的聲音範圍。

昆蟲聽器的主要功能之一是即時聽到掠食者的接近，以採取行動避開接近中的掠食者。對於夜間活動的昆蟲來說，最大威脅來自於食蟲蝙蝠，因為他們會利用超音波聲納探測來捕捉獵物，

所以昆蟲的聽力會調整到蝙蝠迴聲定位所發出的那種咔嗒、咔嗒聲頻率，接著昆蟲做出特別的動作與反應來逃離聲納音波，例如急轉彎、繞圈圈、對地俯衝，某些虎蛾甚至會發出咔嗒聲來干擾蝙蝠聲納。過去曾在一項研究實驗中發現，通常螳螂在受到蝙蝠攻擊時有 76% 成功逃脫率，但當他們的聽器失去功能時，存活率下降到僅有 34%，因此顯示出探測蝙蝠音波的聽器可有效提高昆蟲被攻擊時存活下來的可能性。

枯葉螳

腹板上中間那條縫就是聽覺器官。

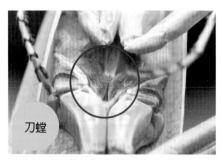

刀螳

聽器位於紫色區域中間凹陷的裂縫。

奇葉螳

聽器位於腹板中間略成水滴狀的凹陷。

雙翅目的寄生蠅科中有些種類就有鼓膜聽器，以國外的寄生蠅 *Ormia ochracea* 為例，牠可以識別特定的蟋蟀叫聲和依據蟋蟀的聲音定位，找到發出聲音的蟋蟀個體並將幼蟲附在蟋蟀身上，幼蟲隨即鑽入蟋蟀體內開始寄生。

這種寄生蠅的兩個鼓膜連接在一起，有點像是翹翹板，中間有一個可以彎曲的剛性關節，當一個耳膜因聲波而振動時，會推動另一個耳膜，而這微小的時間差就可使寄生蠅確定聲音來自哪個方向。

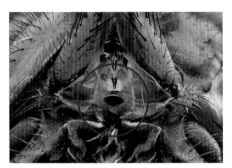

寄生蠅聽器的位置在前胸腹面。

聽器的位置在箭頭標示處。

據研究顯示，有幾種虎甲蟲（Cicindelidae）具有鼓膜聽覺器官。聽器位於腹部第一節背板的左右兩側，由薄鼓膜覆蓋的空腔形成。當虎甲蟲在地面步行時，鞘翅會遮住牠的聽器，以降低對聲音的敏感度。當虎甲蟲飛行時，暴露在外面的聽器能夠檢測到超聲波。顯微鏡下觀察實驗室飼養的虎甲蟲於張開鞘翅時會受超音波影響而收縮腹部。對飛行中的虎甲蟲發射超音波會刺激虎甲蟲立即往下飛並著地，這種反應可能對逃離掠食者有幫助，特別是對利用迴聲定位的蝙蝠效果更好。

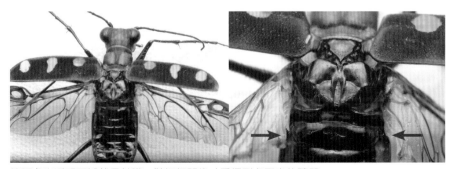

箭頭處半透明區域就是鼓膜，鞘翅打開後才看得到虎甲蟲的聽器。

松藻蟲在前足及中足跗節末節裡，有感覺細胞連接到爪，可接收水波震動，在頻率 150 赫茲時可以感應 0.5μ 的水波變化（1μm ＝ 0.000 001 公尺）。

草蛉聽器位於前翅徑脈基部一個稍微膨大的地方，裡面充滿液體，對 13 ～ 120 kHz 的聲音頻率以及以高達 150 脈衝／秒速率傳遞的聲音脈衝會產生反應，草蛉的超音波敏感性，可能是對蝙蝠發出的超音波定位產生逃避反應的一種適應性演化。

草蛉

聽器在前翅徑脈基部。

蛾類聽覺的主要功能是檢測食蟲蝙蝠的超聲波迴聲定位叫聲。儘管蛾類的聽器構造很簡單，但是能夠確定蝙蝠接近的距離和方向，然後避開遠處的蝙蝠，對已經靠近的蝙蝠則以不穩定的飛行動作來干擾蝙蝠的感知。

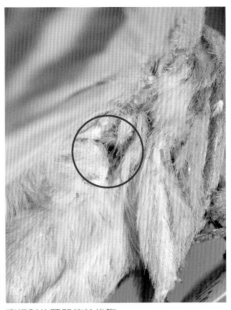

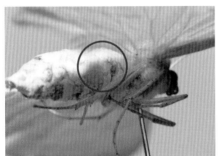

尺蛾科的聽器位於腹部第一節。　　夜蛾科的聽器位於後胸。

尺蛾

尺蛾科的聽器在腹部第一節（標示處）。

●● 耳朵長在腳上？ ●●

蟲蜢家族的前足脛節近關節處，有一個碗豆形的凹陷，那就是牠們的聽覺器官，而蝗蟲家族的則位在腹部第一節，平時被翅遮住不容易觀察到。

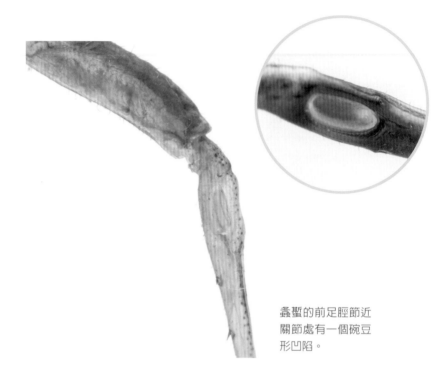

蟲蜢的前足脛節近關節處有一個碗豆形凹陷。

若蟲。

露蟲。

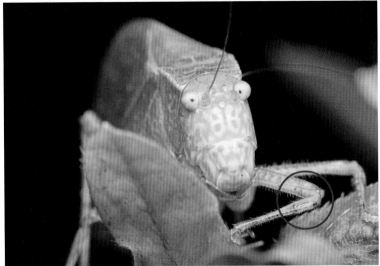

小厚露螽。

端斜緣螽。

蝗的鼓膜。

被翅蓋住不明顯。

Chapter3
半空花間
任我行一翅

除了昆蟲，其他動物的翅都由前肢演化而來，比如鳥類、蝙蝠，只有昆蟲具有真正用來飛行的翅，不同昆蟲家族的翅，其形狀構造及功能也各不相同，有輕薄透明、厚重堅硬，也有角質化如皮革般的，仔細觀察會發現，昆蟲翅上還具有網狀的脈絡，這些脈絡即是所謂的「翅脈」，昆蟲也就是靠著翅脈的支持，才得以憑藉薄薄的翅翱翔天際。

昆蟲的翅膀乃由翅脈系統支撐的薄膜所組成，膜質部分由緊密並列的兩層表皮形成，而在兩層表皮分開的地方形成翅脈；有時下表皮角質層會比上表皮更厚，在翅脈下更硬。每條主要的翅脈內部都有神經和氣管通過，由於翅脈腔與血體腔相連，所以體液可以流入翅膀。

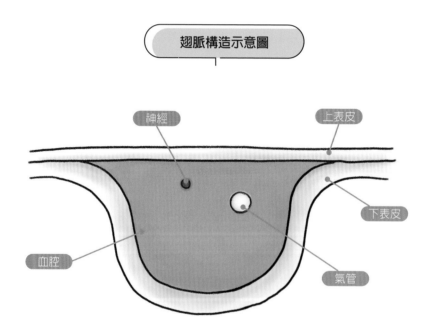

翅脈構造示意圖

神經　　　　　　　　　　　上表皮

下表皮

血腔

氣管

翅脈也是辨別昆蟲的重要依據，不同的目或科別，其翅脈的
變化很大，以下為常見昆蟲的翅脈類型。

蜻蛉目

直翅目

半翅目 蟬

膜翅目

鞘翅目

鱗翅目

翅特化

有翅的昆蟲家族中，多數具有二對翅，其中有些物種只有一對具飛行功能，另一對退化或者變形，以下簡單介紹各種特化。

1 鞘翅

前翅硬化用來保護飛行的後翅及腹部，多數甲蟲的前翅都屬於這一類。

綠翅細長吉丁展開鞘翅。

大麗菊虎

菊虎科的鞘翅柔軟。

窗螢

鞘翅柔軟，展開的後翅較前翅略長。

大花蚤

後翅比前翅略為寬大。

微翅筒蠹蟲

鞘翅退化縮小。

臺灣地
芫菁

鞘翅短後翅退化，不具飛行能力。

吹粉
金龜

張開前翅拍動後翅離開的瞬間。

西藏銹長
角天牛

天牛前翅張開的高度與金龜子不同。

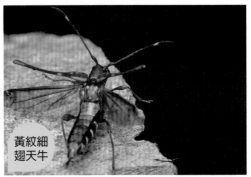

黃紋細
翅天牛

前翅狹長蓋不住腹部。

2 鱗翅

翅表面覆蓋細小鱗片。

繁星
斑蛾

前翅上的花紋。

雙尾
峽蝶

後翅。

黑緣
舟蛾

放大後的後翅暗色斑紋。

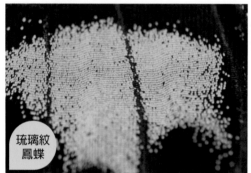

琉璃紋
鳳蝶

後翅中央寶藍色金屬光部分的鱗片。

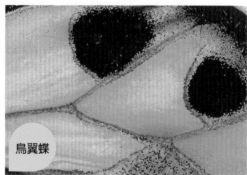

鳥翼蝶

黃色部分與綠色金屬光的鱗片形狀不同。

3 半翅

前翅基部角質化不透明，類似皮革的質感，端部膜質。

景東
普蟪

展翅時可以看到後翅為透明膜質。

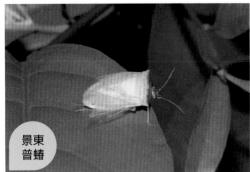

景東普蝽

停棲時在整理收攏後翅。

大田鱉

水生昆蟲霸主大田鱉，也是屬於半翅目昆蟲。

瘤緣蝽

左右翅膜質交疊區域上方深色是特徵之一。

蝦殼蝽

前翅革質部分呈鮮紅色，膜質部分顏色較淺，交疊時形成略呈菱形的區域。

黑竹緣蝽

膜質部分可以清楚看到明顯翅脈。

人面蝽

前翅革質部的黑斑像是眉眼，膜質黑色好像頭髮，讓整隻蝽看起來有如一張人臉。

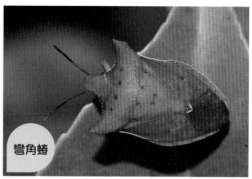

彎角蝽

前胸兩側的彎角為明顯特徵。

4 翅覆

如直翅目的前翅，質地較為堅硬如革質，覆蓋在扇狀後翅之上。

馬來大葉螽

馬來西亞雨林的大型螽蟴，前翅斑紋會有個體差異，部分具有宛如葉片被蛀蝕的咖啡色圓斑，有些則呈白色，有如病害的淡紋。

蘭嶼大葉螽

臺灣特有種，前翅斑紋隨個體多有變化。

擬葉螽

高舉前翅露出後翅是一種威嚇的行為。

球螽

前翅較薄,有點半透明的感覺。

馬來
擬葉螽

前翅斑紋是偽裝成枯葉或落葉的重要條件。

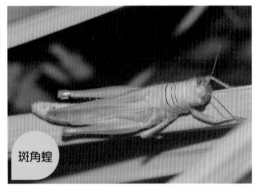

斑角蝗

蝗蟲的翅覆較狹長。

5 纓翅

翅狹長,邊緣有細長纓毛,
如薊馬。

薊馬

體型極為細小,體長約 0.5 ～ 5 mm,常出現在花中。

翅特化　131

6 膜翅

翅為膜質，如各種蜂類和
螞蟻。

長腳蜂

胡蜂科長腳蜂亞科，為常見物種。

無墊蜂

蜜蜂家族，黃昏時會聚集在下垂的細枝上，以大顎
緊咬細枝過夜。

木蜂

成蟲會鑽木為巢，喜訪花。

姬蜂

觸角細長，依種類不同，幼蟲寄生鱗翅目、鞘翅目
等。

7　平均棍

雙翅目昆蟲的後翅退化後形成一對棍棒狀器官。

舞虻

掠食性，部分種類求偶時會準備獵物來求愛。

食蟲虻

平均棍末端略有皺褶。

寄生蠅

平均棍呈細小棒棒糖狀。

大蚊

平均棍非常明顯，肉眼可見。

8 扇狀翅

大部分昆蟲的翅形狀都可以稱為扇狀，比如蝶、蛾、蜉蝣，有些昆蟲的後翅折疊好像折扇一般，也稱為「扇狀翅」。

尺蛾的中文名稱常常也會跟翅上的花紋有關，如黑線黃尺蛾。

金星尺蛾屬

鱗翅目翅上的花紋是最主要的特徵之一。

蜉蝣

前翅發達，後翅將近退化。

蜉蝣

前翅發達，後翅較小。

紅緣
粉蝶

後翅邊緣呈紅色為主要辨識特徵。

黃裙
竹節蟲

後翅張開時如扇面,收攏的方式則是如折扇一般。

翅的折疊

　　有些蟲子比如鞘翅目、竹節蟲、直翅目等，主要是靠後翅飛行，所以後翅的面積會大於前翅，在休息時爲了安置後翅，勢必要把後翅折疊起來。

革翅目

前翅革質，後翅收攏折疊後比前翅略長。

❶後翅完整展開。

❷翅尖開始縱折。

❸向內折疊。

❹折成ㄇ字形。

❺折疊完成。

鞘翅目

獨角仙

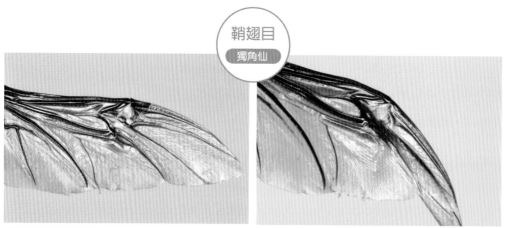

❶完全伸展的後翅。

❷後半部縱折。

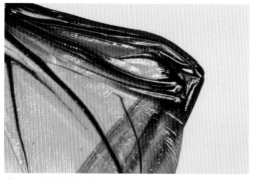

❸翅尖向基部旋轉折疊。

❹折疊完成。

直翅目

竹節蟲

Diesbachia tamyris
後翅像摺扇一樣縱折。

扁竹節蟲。

翅的折疊 137

　　具有 2 對翅的昆蟲中，除了鞘翅目、蜻蛉目、白蟻、脈翅目等的前後翅各自活動外，多數的昆蟲前後翅都有特殊構造，以讓前後翅在飛行時能夠協調動作。

蜻蜓在飛行時前後翅各自動作。

膜翅目飛行時前後翅互相連結。

鱗翅目的前後翅也有連結。

蜂類的後翅前緣背面有一排小鉤子，用來勾住前翅後緣腹面的硬化皺褶，藉以達成前後翅的連動。

後翅上方的鉤列。

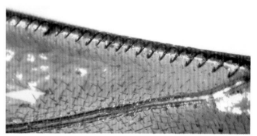

鉤列的長短會因種類而異。

放大 200 倍下的鉤列。

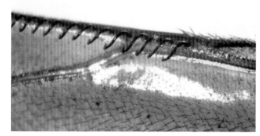

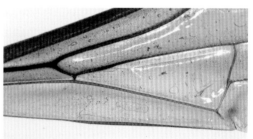

放大 500 倍，鉤子非常明顯。

前翅腹面的硬化皺褶。

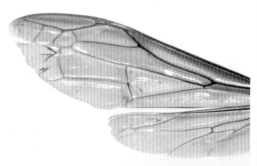

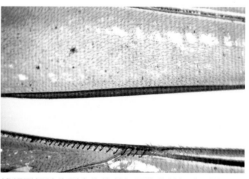

前後翅位置對應。

蜂類飛行時鉤列會鉤住前翅硬化的皺褶達到前後翅統一上下拍動。

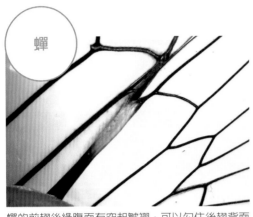

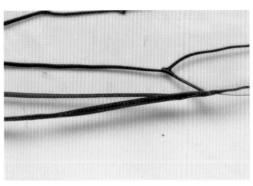

蟬的前翅後緣腹面有突起皺褶，可以勾住後翅背面 前翅後緣腹面。
一條類似卡榫的凹陷。

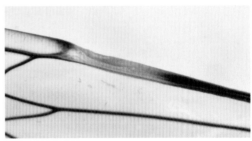

放大後前翅後緣的突起皺褶。　　　　　　　　　　後翅前緣背面。

放大 200 倍。　　　　　　　　　　　　　　　　放大後可以看到明顯的凹槽。

放大後可見捲摺狀的凹槽。

蛾類　　　　蛾類的前後翅連結是靠著翅刺和抱帶。翅刺是位於後翅的基部有一束剛毛或一根硬刺，抱帶是位於前翅腹面翅脈基部的一叢毛或帶狀物，翅刺會被抱帶鉤住，這樣就可以達到前後翅相連，使得振翅動作一致。

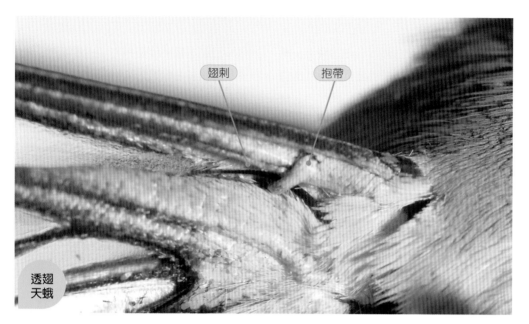

翅刺　　　抱帶

透翅
天蛾

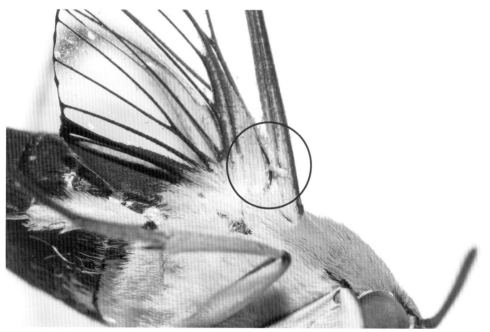

◉● 昆蟲的發音器 ●◉

直翅目發音器

前翅臀區背面具有硬化稜起，稱為「彈器」；肘脈腹面具有帶狀的齒狀突起，稱為「弦器」。發音時，前翅舉起以左翅的彈器與右翅的弦器兩者互相摩擦，弦器的構造形狀隨種類而不同。

螽蟴左右翅有明顯的差別。

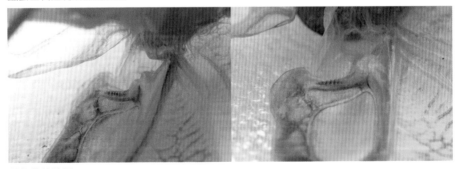

棘角螽的弦器。

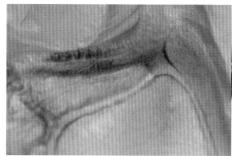

棘角蝨的弦器。

蟋蟀

弦器較棘腳蝨細密而長，所以兩者的鳴聲有顯著差異。

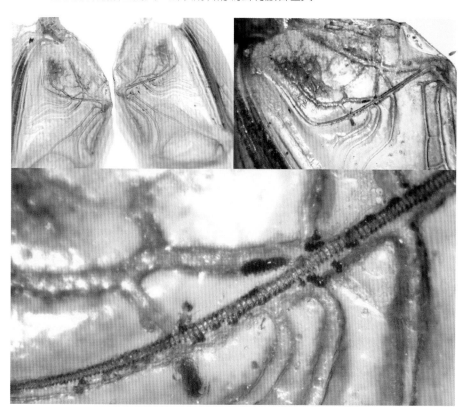

天牛發音器

　　中胸前端套入前胸部分的背方有如銼刀一般的構造，
與前胸後緣互相摩擦。

天牛靠伸縮前胸的動作摩擦。

中胸前端橢圓形位置，有如銼刀一樣。　　　放大後。

雄蟬的發音器

　　雄蟬的發音器主要包含發音筋和鼓膜，發音筋伸縮時振動鼓膜以發出聲音，並且利用腹腔作為共鳴室。雄蟬腹面兩塊板子稱為音箱蓋板，音箱蓋板的開闔可以調整音量大小。

　　一般來說，雄蟬有發音器，而雌蟬沒有，但有些雌蟬會以拍翅的方式來回應雄蟬，不同的蟬在發音構造和聲音特性上會稍有差異，比如音箱蓋板的形狀大小。

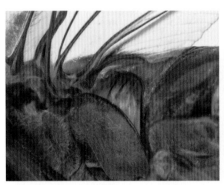

從音箱蓋板側面可以看到內部的鼓膜。

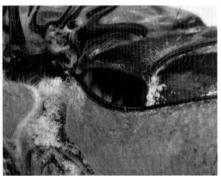

狹長的音箱蓋板也可以作為分類特徵。

聲音大小的矛盾

　　無論是蟋蟀還是蟬，鳴聲越大表示越強壯，找到配偶的機會也越高，但相對的，寄生蠅（寄生蜂）也更容易循著聲音找上門，所以不禁有人會問，到底是命重要，還是老婆重要呢？

　　研究人員發現蟋蟀在交尾之後需要休息一陣子才能再次交尾，在這段時間牠會安靜地儲備能量，而雌蟋蟀可以在1分鐘之內到達高歌的雄蟋蟀附近不到1公尺距離，雖然寄生者也能夠循聲找到雄蟲，然而，只要合唱團的雄蟲夠多，在分擔風險的情況下，大聲鳴叫的個體在寄生者上門之前完成交尾的機會還是很高，因此從該角度來看，雄蟲大聲鳴叫因而被寄生的風險不一定比較高。

Chapter4
就是要你眼花撩
亂－昆蟲的顏色

　　昆蟲可以製造出大部分的色素，這些
色素的形成有些來自生長過程中儲存或排
泄的廢物，有些則是新陳代謝的產物，或
是來自於牠們的食物。

葉蟲

竹節蟲家族成員，身上的顏色花紋就如同葉片般。

黃盾蝽

常見的盾蝽會群聚，老熟的成蟲顏色會慢慢變淡。

沫蟬

新羽化的個體和較老個體的顏色差異，很多是受到
色素色的影響。

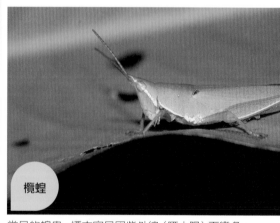

欖蝗

常見的蝗蟲，標本容易因紫外線（晒太陽）而變色。

鱗翅目昆蟲翅膀上的顏色和花紋是由上面的鱗片組合而成，每一片鱗片通常只有一種顏色，各種顏色的形成多數由蝶呤（紅色、黃色、白色）、黑色素（黑色）、類黃酮（白色）、類胡蘿蔔素（藍色、黃色）、乳頭色素（奶油色）和色氨酸的代謝物（紅色）中的任何一種或幾種互相組合而產生，同時鱗片的結構也會讓光線繞射而產生顏色；等距的縱向脊會產生各種繞射而成的顏色，而不規則的間距會在色譜中產生重疊並被肉眼認為是白光。

發現白色部分與黑色部分的鱗片形狀不同。

強光之下黑色部分的鱗片清晰可見，白色部分呈現強反射。

弱光之下白色部分鱗片清晰，黑色部分無法看清鱗片的樣子，然而互相比較就可以。

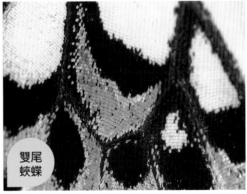

後翅斑紋放大後就像馬賽克一樣。

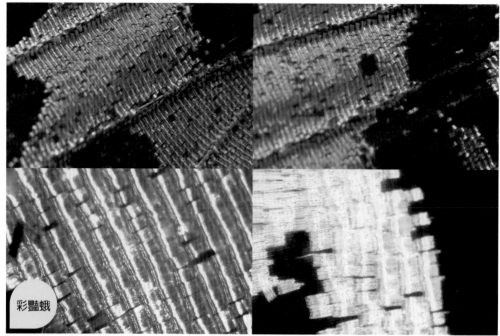

彩豔蛾

具有金屬光澤的鱗片呈彎曲狀。

改變光線照射角度，產生強螢光。

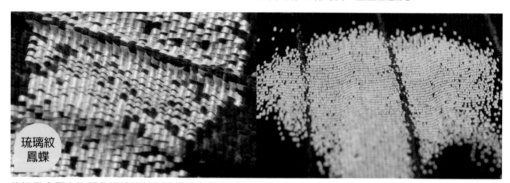

琉璃紋
鳳蝶

後翅具金屬光的藍色斑塊鱗其形狀構造與黑色部分不同。

紅紋
粉蝶

紅色與黃色部分雖然色彩不同，但鱗片形狀相似。

構造色

又稱爲物理色，乃因昆蟲體表的構造，使得光線發生折射、反射或繞射現象所產生的金屬光澤。

金龜

Chrysophora chrysochlora

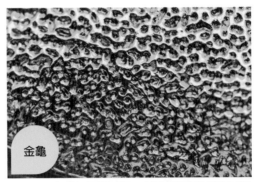

金龜

鞘翅表面充滿不規則凹陷，會讓光線產生折射或繞射等現象。

吉丁蟲

在不同角度的光線照射下，所產生的顏色變化也有所差異。

吉丁蟲

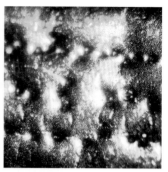

吉丁蟲的鞘翅。

局部。

放大 70 倍。

華麗
金屬螳

螳螂中極少見全身都具有金屬光澤的物種。

彩虹
鍬形蟲

因為鞘翅上七彩的金屬色澤而得名。

青銅
金龜

屬於常見的金龜子,身上也同樣具有強烈金屬光澤。

擬步
行蟲

擬步行蟲科中也有頗為華麗的種類，鞘翅的紫色光澤會隨光線的角度變幻。

紅腳
青天牛

除了腿節紅色部位，全身都具有華麗金屬光。

捲葉
象鼻蟲

發現於鹽膚木上，身上的金屬光會隨光線的角度在
紅綠之間變化。

中南美洲 *Morpho* 蝶的鱗片在不同角度光線下產生的色彩變化。

也稱爲化學物理色，由化學色和構造色混和而組成。

Diastocera wallichi
天牛鞘翅具金屬光的部分有明顯凹陷。

金綠寬
盾蝽

放大後會發現紅色部分的凹陷明顯較綠色具金屬光
部分少。

吉丁
蟲科

Chrysochroa fulgens
鞘翅上中間米色部分不具金屬光澤，死後會逐漸變
色。

吉丁
蟲科

Chrysochroa buqueti
鞘翅上米色部分不具金屬光澤，死後會逐漸變成黃
褐色。

色彩組合花紋

眼紋

　　許多昆蟲的翅或身上會有類似眼睛的花紋，稱之為「眼紋」。不同的昆蟲，其眼紋大小及數目也會有所差異。對於眼紋的功能，生物學家提出了「恐嚇假說」（The intimidation hypothesis），認為大型眼紋可能具有嚇退鳥類捕食者的功能。

　　眼紋為什麼可以嚇退鳥類呢？因為昆蟲的天敵主要是小型鳥類，而小型鳥類的天敵包括了大型猛禽。學者們認為蝶與蛾翅上的大型眼紋很可能是模擬這些小型捕食者天敵的眼睛，像是貓頭鷹的眼睛等。為了證明這個假設，必須先證明這些同心圓狀的圖形確實是模擬眼睛的模樣，還要證明捕食者放棄該獵物，確實是因為看到大型眼紋所產生的反應，而不是受到其他原因的影響。

　　為此，研究人員將蛾依照翅上不同的花紋分類，包含零至三個同心圓的花紋、菱形的花紋等，再用以蝶、蛾為食的雉雞科鳥類做實驗，結果發現實驗中的鳥在捕捉具有一個或兩個同心圓花紋的蛾類，所需時間明顯多於沒有花紋的蛾；而捕捉帶有菱形花紋、三個同心圓紋的蛾類，所需時間和沒有花紋的蛾類卻無顯著差異。研究人員進一步以野生椋鳥進行相同實驗後發現，兩個同心圓花紋的外圍若搭配有假頭的紋路，椋鳥避開獵物的時間會顯著拉長，而三個同心圓與菱形圖紋對捕食者的取食沒有影響，這些結果在在都支持同心圓花紋應該是模擬眼睛形象這個論點。

四黑目天蠶蛾。

波紋眼蛺蝶。

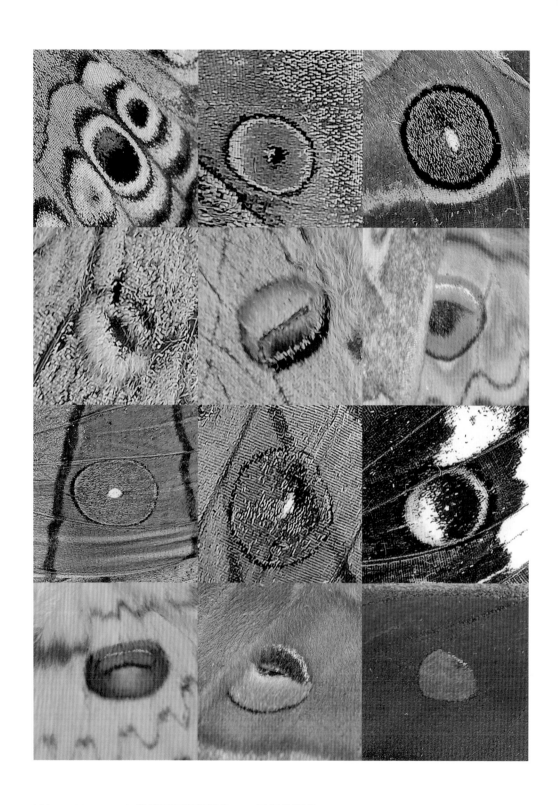

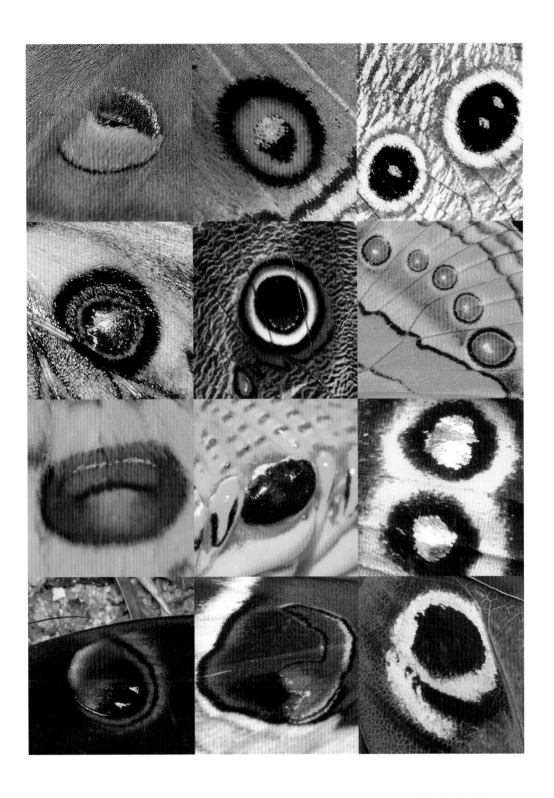

另外，為了要證明捕食者確實是因為受到大型眼紋的驚嚇而放棄獵物，研究人員第一步先將雉雞科雛鳥暴露在猛禽模型（雛鳥天敵）與奇異鳥模型（雛鳥看過的其他鳥類）之下，結果發現雛鳥躲避猛禽模型的頻率大於躲避奇異鳥模型的頻率，而躲避奇異鳥模型的頻率又大於躲避沒有眼睛的猛禽模型頻率；接著，研究者將奇異鳥模型裝上鷹的眼睛，發現雛鳥躲避裝有鷹眼的奇異鳥模型頻率大於原來的奇異鳥模型。因此，從實驗證明蝶、蛾若具有大型眼紋，確實有機會嚇跑捕食者，然而有許多鱗翅目昆蟲翅膀上沒有大眼紋，卻有好幾個小眼紋。既然小眼紋無法恐嚇捕食者，反而吸引了捕食者的注意，那擁有小眼紋的昆蟲又是以何種方法來防禦天敵？

生物學者提出「偏離假說」（The deflection hypothesis）來解釋具多數小型眼紋的蝶、蛾與捕食者間的關係。學者認為小型眼紋大多存在於鱗翅目翅外緣，會吸引捕食者先注意到眼紋，進而攻擊相對於身體之外較不重要的翅、翅外緣等部位，由於翅的破損不影響生存，這時就可趁捕食者攻擊翅的瞬間逃之夭夭。

有些小灰蝶後翅還有如觸角般的尾狀突起，停棲時會不斷擺動後翅，讓尾突產生如同觸角擺動般的動作，藉此來轉移掠食者的攻擊焦點。

蘇鐵小灰蝶後翅末端的眼紋搭配尾突形成頭部的假象。

有時會發現後翅缺了一角的小灰蝶個體，這表示牠曾經靠著轉移攻擊目標而逃過一劫。

眼紋廣
翅蠟蟬

翅上的眼斑十分明顯。

枯葉螳

展翅讓自己看起來更大，並且露出眼斑。

孔雀青
蛺蝶

前後翅都具眼紋。

貓頭
鷹蝶

展翅後腹面的大眼紋看起來就像一隻貓頭鷹。

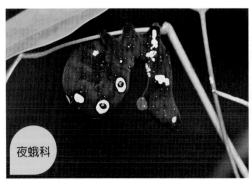

夜蛾科

落葉夜蛾幼蟲捲曲前半身讓眼紋更明顯。

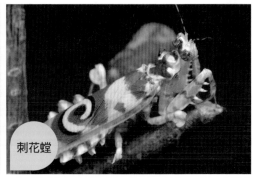

刺花螳

前翅螺旋狀的眼紋在展翅後會更明顯。

我很大！別惹我 ── 昆蟲的威嚇

昆蟲在遭遇威脅時，利用展翅、高舉前足或抬頭挺胸的動作，
讓自己看起來體型很大，企圖使掠食者放棄攻擊的行為。

渡邊氏長吻白蠟蟬

蠟蟬展翅高舉讓自己的體型看起來更大。

青黑蠟蟬

被打擾時展翅露出鮮豔的後翅。

斑衣蠟蟬

展翅讓身體看起來更大。

鹿角金龜抬起身體高舉前足揮舞。

象鼻蟲高舉前足展露前足脛節末端尖銳的硬刺。

巨腿螳打開前足展翅。

圓胸枯葉螳展翅威嚇。　　　　　　　　　展翅高舉露出前翅腹面的眼紋。

受驚嚇時併攏前足展翅平伸，讓體型看起來更大。　展翅並且將前足併攏，讓身形看起來壯大一點。

竹節蟲展翅露出鮮黃的後翅。

弧紋螳受打擾時展
翅並張開前足。

鍬形蟲、兜蟲等甲蟲類在感覺受到威脅時會抬高身體。

擬葉螽展翅
高舉後足。

擬葉螽

南美枯葉螳展翅的同時露出腹部的大眼紋，
張開前足讓自己看起來更具威脅性。

條紋和帶紋

　　寬的或橫的稱為「帶紋」，細的或直
的稱「條紋」。

縱條

白條尖
天牛

蘭嶼大
象鼻蟲

葉蟬

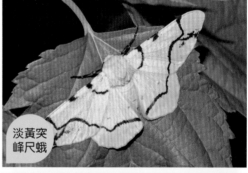

淡黃突
峰尺蛾

石墻蝶

帶紋

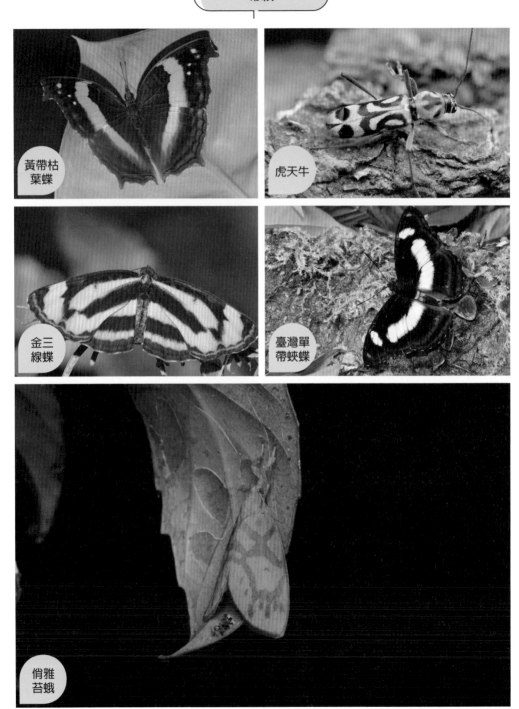

黃帶枯葉蝶

虎天牛

金三線蝶

臺灣單帶蛺蝶

俏雅苔蛾

彩葉螽

塊斑。

大盾蝽

橢圓斑塊。

紅玉椿象

紅色斑塊。

角紋小灰蝶

不規則短斑。

流星
蛺蝶

倒 V 字形紋。

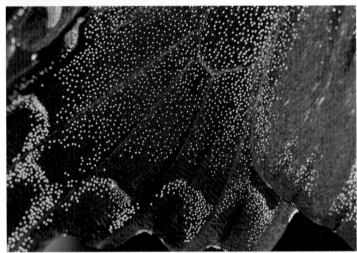

弦月紋。

菱形斑。

骷髏狀。

個體差異

　　有些種類的昆蟲不同個體有著不同的體色變化，例如枯葉蝶的翅腹面色彩深淺隨個體而異，枯葉螳有深褐色、淺褐色、枯黃色等差別。除此之外，同一物種的雌性與雄性在外觀上也會有明顯差異。

扇角金龜以綠色居多，但也有紅色、藍色等多種色彩。

枯葉螳的體色多變，從灰白、淺褐到深褐色。

人面蝽的花紋酷似一張人臉，但隨個體不同會有著些微差異，「人面」就產生了許多變化。

每一隻枯葉蝶翅背面的花紋是一樣的，但翅腹面卻因個體而異。

◉ 男女大不同 ◉

　　「雌雄異形」簡單的說就是同一物種的雌性與雄性在外觀上有明顯差異。一般來說，雄蟲需要靠武力戰鬥以爭奪地盤及交配權，因此雄蟲體型會比較大，具有犄角或發達的大顎用來爭鬥，然而竹節蟲、螳螂等昆蟲，卻是雄蟲體型比較小但飛行能力強，目的是雄蟲可以因此加大活動範圍，以便尋找配偶。

　　有些物種的雌蟲具有較大的體型，如此一來就可以產下更多的卵，有些種類的雄蟲為了要尋找雌蟲，具有比較發達的觸角，像是蛾類或者金龜等，牠們就可以藉此更清楚的嗅出空氣中雌蟲費洛蒙的味道，找到交配對象。

黑端豹斑蝶交尾
上雄下雌。雄蝶翅表面為橘黃色有點狀豹紋，雌蟲前翅端部淡黑有白色斜帶紋，擬態樺斑蝶。

白條金龜雄蟲觸角極為發達，雌蟲則否。

大鳳蝶雄蝶呈現灰藍色，雌蝶後翅有大塊白色斑。

血斑天牛
雄蟲觸角長度超過體長很多，雌蟲觸角約與體長相等。

扁竹節蟲

雌蟲體型碩大，略呈菱形，翅短，全體綠色表面密布棘刺。雄蟲體型瘦長，後翅發達能飛行，體色暗褐。

蠍蛉

雄蟲腹部末端有膨大如蠍子尾鉤的構造（生殖器），雌蟲則無。

六點瘤胸竹節蟲交尾

雄蟲體型瘦長細小，大概只有雌蟲體型的一半大小。

警戒色

警戒色主要是防範捕食者的方法，目的是警告捕食者，捕食這些目標物不會有好處。沒有好處的意思包括任何使獵物難吃的方法，例如具有毒性、特殊的刺激氣味等。凡是具有高對比度的圖案及鮮明顏色，像是黑黃色的條紋等，就稱爲「警戒色」。警戒色同時有益於捕食者和獵物，因爲雙方都可避冤物種被捕食或是攻擊者誤食有毒物質等潛在傷害。

寬緣杜鵑斑蛾

蓬萊禾斑蛾

玉帶斑蛾幼蟲

斑蛾成蟲的頭胸部或腹部之間到後翅常帶有鮮豔的色彩或金屬光澤，藉以警告天敵。

幼蟲可以從寄主植物中獲得醣苷，將有毒性的氫氰酸（HCN）儲存於體內。即使有些斑蛾的寄主植物不具有毒物質，牠也能自行合成產生氫氰酸。

橫紋
地膽

刺蛾
幼蟲

地膽體液含有斑蝥素，是一種有毒的化學物質，受
壓迫時會從關節處流出體液，皮膚接觸到時會引起
水泡。

幼蟲的刺毛具毒液，被刺到會引起劇痛紅腫。

七星
瓢蟲

許多瓢蟲遭受到壓迫等
物理刺激時，會從關節
處分泌出黃色的黏性體
液。瓢蟲的體液具有強
烈的異味，可以藉此使
掠食者放棄攻擊。

黑魔鬼
竹節蟲

成蟲能夠從頭部後方的腺體噴出一種防禦性液體，
會對皮膚和眼睛產生強烈的刺激。

總角紅星天牛遇到騷擾時會散發一種類似人蔘的氣
味。

保護色

　　當動物的體色與周圍環境相似，目的是不被掠食者發現，以減少被捕食的機會，這種顏色就稱為「保護色」。保護色的表現方式是類似棲息環境中最主要的顏色，比如草地主要是綠色，高海拔雪地為白色，沙地為黃色，也就是所謂的「環境色彩」。

　　雖然保護色和偽裝現象皆是企圖與環境融合，讓自己不易被發現，然而警戒色是以較強的對比色來突顯，以讓掠食者能輕易發現，而且具警戒色的生物很多都具有潛在傷害性，像是刺激性氣味、具毒性等，因此可簡單分辨出警戒色的差異。

離遠一點就很難發現在枝葉間的綠色螳螂。

竹節蟲混雜在枝莖上。

躲藏在枝葉中的綠色螳螂。

綠色的蟊蝽若蟲站在葉尖。

Column

◉◉ 偽裝與擬態 ◉◉

擬態是藉由「不同物種之間」擁有同樣（類似）的顏色或斑紋，以獲得保護或好處；偽裝是與環境中某種生物（如樹葉、苔蘚）或非生物（砂石、土）相似，而這種生物或非生物的顏色特徵並不一定是環境中的主要色彩，而且偽裝往往與動物的運動狀態有關。一般來說，是在相對靜止狀態時才會有隱蔽作用，一旦運動起來則失去了隱蔽效果；保護色基本上則是與運動狀態無關，例如枯葉蝶停息在枝葉之間的樣子就像片枯葉，這是在「靜止」的狀態才會像枯葉，一旦飛起來就很容易被看到。

貝氏擬態 Batesian mimicry

假設一個有毒性的物種（也就是模式物種）具有某種警戒性的斑紋及顏色，同時可以有效阻止掠食者對該物種捕獵，然後另一個沒有毒性的物種藉由控制斑紋的基因突變，偶然的產生與有毒性物種相似的斑紋，且混淆了掠食者而獲得保護，若是這種顏色斑紋遺傳給子代且擴散到族群中，貝氏擬態的關係就成立了。

然而要是有更多種類也產生類似花紋顏色，或許就會因為「山寨貨」太多，造成真正有毒性的物種受到掠食者攻擊之機率增加，當「山寨貨」

玉帶鳳蝶

多到一定程度時，掠食者甚至誤以為這種斑紋顏色無害，這時，該斑紋顏色就會失去保護效果，使得原本有毒性的物種其斑紋會逐漸改變為不同的樣式。此過程會在演化史上不斷重複以取得平衡，也就是相類似的花紋中有毒種類和無毒種類所占比例，會維持在掠食者認為這個花紋顏色代表著不好吃的狀態。

貝氏擬態廣泛存在於各個類群的昆蟲當中，各自都有不同機制存在。舉例來說，紅紋鳳蝶幼蟲取食馬兜鈴科植物，成蟲體內具有強烈的化學物質，而幼蟲取食芸香科植物的玉帶鳳蝶並不具有那些有毒物質，但是玉帶鳳蝶雌蝶的部分個體會擬態紅紋鳳蝶。

紅紋鳳蝶

球背象鼻蟲堅硬的鞘翅對捕食者來說取食不易，而同樣分布於蘭嶼的擬硬象天牛則被認為是斷紋球背象鼻蟲或條紋球背象鼻蟲的擬態者。球背象鼻蟲屬廣泛分布於東南亞，像是菲律賓等地，在各個區域也都有和擬硬象天牛同屬的天牛擬態當地球背象鼻蟲之現象。

條紋球背象鼻蟲

擬硬象
天牛

以蜜蜂顯眼的黑黃條紋作為擬態對象的蟲子很多,如鹿子蛾、

虎天牛、病夫蚜蠅、黃道蚜蠅、食蚜蠅。

鹿子蛾

虎天牛

病夫
蚜蠅

黃道
蚜蠅

食蚜蠅

蜂天牛的鞘翅很短,除了形態上擬態姬蜂,被捕捉後也會模擬螫刺的動作,企圖使掠食者放棄捕捉,只是天牛是沒有螫針的,這個動作僅是恐嚇而已。

南山蜂天牛

平山蜂天牛

姬蜂

斑蝶科幼蟲大多以夾竹桃科、蘿摩亞科等植物作為寄主，幼蟲體內擁有帶有寄主植物的毒性。成蟲以黑、白色為底色，搭配紅、黑、青藍等色彩的斑紋，部分種類更具有藍紫色金屬光澤，因此成為許多無毒蝴蝶的擬態對象。

樺斑蝶

黑脈樺斑蝶

小紋青斑蝶

紅星斑蛺蝶

黑端豹斑蝶

雌蟻蜂雖然看起來像螞蟻，但具有螯針，明顯的紅黑色詔告了自身有毒，無毒的郭公蟲擬態成蟻蜂的花紋顏色。

蟻蜂

截斑
郭公蟲

穆氏擬態 Müllerian mimicry

德國生物學家穆勒（Fritz Müller）對某些不同種類的有毒蝴蝶之間互相模仿之現象，用簡單的數學公式提出解釋，他認為同樣有毒性的 A、B 物種之間互相擬態，A 物種所獲得的好處和擬態物種 B 的數量成正比，也就是說 B 物種的數量越多，A 物種就能獲得越多的保護，這對雙方來說都是有好處。

穆氏擬態在演化中的預測和貝氏擬態不同。演化的起源雖然和貝氏擬態相似，但不同的是兩個物種都具有毒性，而被保護的程度與另一個物種有很大的關係。若其中一個種類稍微和原本擬態群的斑紋不同，就有可能被天敵認為是可以吃的獵物，導致遭受掠食者攻擊。從演化上來推論，物種在穆氏擬態的關係中，花紋顏色會越來越像，花紋改變的種類就會在天擇之下被淘汰掉。

分布於中南美洲的毒蝶屬（*Heliconius*，或稱釉蛺蝶屬）是參與穆氏擬態類群中最廣為人知的，也是目前研究相關理論最為透徹的昆蟲家族。目前已知的毒蝶屬大概有 54 種，全部都屬於穆氏擬態，共同擬態的對象包括毒蝶屬、蜓斑蝶族成員（*Ithomiini*，俗稱透翅蝶）與其他毒蝶族成員（*Heliconiini*，又稱釉蛺蝶族）。毒蝶因為體內含有具毒性的化學物質，讓掠食者食用後會產生中毒反應，但種類不同，有毒物質也不同，目前已知大部分種類的有毒物質為植物鹼，少部分種類是氰化物。

以下為毒蝶亞科和斑蝶亞科的蝴蝶，他們雖長得很像但卻是不同物種，從斑紋的些微差異，看得出有哪裡不同嗎？

Heliconius hecale

Eueides issbella

Placidina euryanassa

Mechanitis lysimnia

Tithorea harmonia

Hypothyris lycaste

藍色系列

Heliconius clytia

Heliconius erato

Heliconius doris

Greta alphesuboea

Pteronymia cotytto

偽裝

模擬環境中掠食者不感興趣的物體，像是枯葉、苔蘚、枯枝、樹皮等，藉此隱蔽於相似的環境之中。

● 模擬成枯葉

枯葉螳

枯葉螳

南美枯葉
螳（雌）

南美枯葉
螳（雄）

枯葉蛾

竹節蟲

● 模擬成綠葉

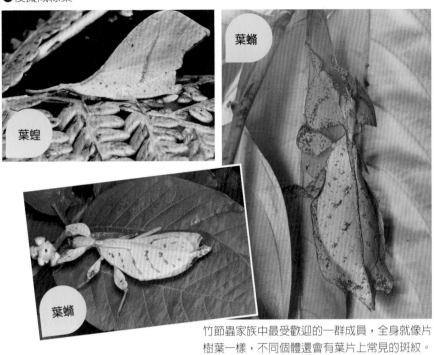

葉蝗

葉蜡

葉蜡

竹節蟲家族中最受歡迎的一群成員，全身就像片
樹葉一樣，不同個體還會有葉片上常見的斑紋。

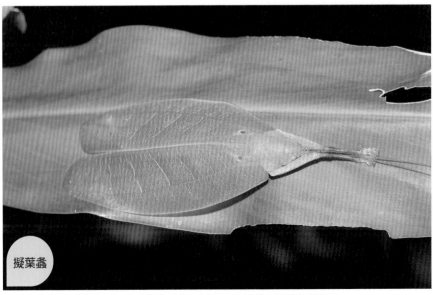

擬葉螽

擬葉螽停棲時平攤前翅，前足併攏前伸，以讓自身看起來更像片葉子。

夜蛾

找到了嗎？遠遠看真的不容易發現。

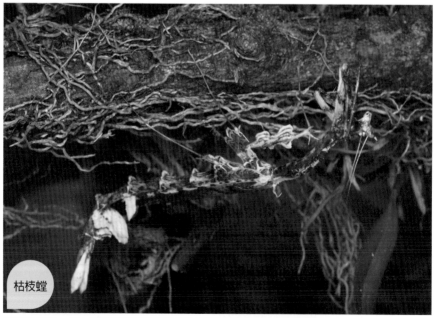

枯枝螳

為弓頸螳科，身上的葉狀突起及花紋顏色讓牠完美的融入環境之中。

蓬萊棘蟲會取食苔蘚，化身成苔蘚的樣子可以靜靜地吃到飽。

樹皮螳的花紋和樹皮極為相
似，停棲時會平平的趴在樹
皮上，因此更難被發現。

眼力
大考驗

找找看有幾隻蟲？

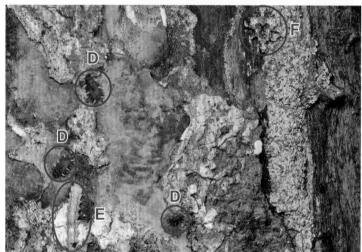

A：獵蝽
B：象鼻蟲
C：長角蛉幼蟲
D：擬瓢蟲幼蟲
E：蛾類幼蟲
F：橫脊新獵蝽
G：葉螳 *Trigonopteryx sp.*
H：葉螳
I：枯葉螳
J：細頸螽
Leptoderes ornatipennis
K：苔蘚螽 *Olcinia sp.*

國家圖書館出版品預行編目 (CIP) 資料

昆蟲面對面 / 廖智安著；. 一 初版 . 一 臺中
市 ： 晨星出版有限公司，2024.04
面； 公分
ISBN 978-626-320-768-4（平裝）

1.CST: 昆蟲學

387.7   113000204

詳填晨星線上回函
50 元購書優惠券立即送
（限晨星網路書店使用）

昆蟲面對面

作者	廖智安
主編	徐惠雅
執行主編	許裕苗
版型設計	許裕偉
封面設計	陳語萱

創辦人	陳銘民
發行所	晨星出版有限公司
	台中市 407 工業區三十路 1 號
	TEL：04-23595820　FAX：04-23550581
	E-mail：service@morningstar.com.tw
	http：//www.morningstar.com.tw
	行政院新聞局局版台業字第 2500 號
法律顧問	陳思成律師
初版	西元 2024 年 04 月 06 日

總經銷	知己圖書股份有限公司
	106 台北市大安區辛亥路一段 30 號 9 樓
	TEL：02-23672044 / 23672047　FAX：02-23635741
	407 台中市西屯區工業 30 路 1 號 1 樓
	TEL：04-23595819　FAX：04-23595493
	E-mail：service@morningstar.com.tw
	網路書店 http://www.morningstar.com.tw
讀者服務專線	02-23672044 / 23672047
郵政劃撥	15060393（知己圖書股份有限公司）
印刷	上好印刷股份有限公司

定價 **450** 元

ISBN 978-626-320-768-4